浪花朵朵

多少个人手拉手，可以绕地球一圈

十岁开始的

趣味费米推定

[日] 横山明日希 著

[日] 柏原昇店 绘

吴春燕 译

北京联合出版公司
Beijing United Publishing Co.,Ltd.

多少个人手拉着手，可以绕地球一圈呢？

亲爱的小读者，当有人问你一个这样的问题时，你会怎么回答？我猜你可能会想"我不可能知道这个啊！""我怎么会知道呢？"的确，这样的问题很容易让人摸不着头脑。不过，如果能回答出来，你会觉得自己很厉害吧？

是的，这种让你觉得奇怪的问题就是**费米推定问题**。需要我们利用自己已经了解的知识进行推定，然后得出一个接近正确答案的答案。推定过程就像做游戏一样。（上面这个问题的答案在本书的第138页哟。）

不过，平常我们在学校里是碰不到类似的问题的。在学校里，一般情况下所有问题都需要有确定的答案，数学题也是一开始就用数字和公式列出来的。那么，为什么要专门讲费米推定呢？这是因为学习费米推定的过程可以培养我们面对不确定的未来时所需要的一个非常重要的能力，那就是——

不论在学习还是在生活中，假如你所碰到的问题没有正确答案，那就在独立思考之后得出自己的答案！而且，不要因为过程很难就轻言放弃，要勇敢地挑战并解决一切问题！

看上去是不是很难？不过，解决没有正确答案的问题意味着你有很多遍尝试的机会，所以，完全没必要担心或者害怕。

在这本书里，两个小伙伴将和一个有点儿奇怪的机器人一起挑战费米推定问题。书里全都是些"欸？这是什么呀？"之类的搞笑问题。希望你们能在阅读的同时，和他们一起愉快地思考，然后得出自己的答案。相信你们一定会快乐地学会费米推定。总之，为没有正确答案的问题找出答案，是一件十分有趣的事。如果你们能从中感受到这种乐趣，我也会和你们一样开心。

目 录

序章 ·· 006

| 问题 01 | 日本人每天一共排出多少坨大便？ | ······· 010 |

| 问题 02 | 自己喜欢的歌曲，一天能唱多少遍？ | ······· 020 |

| 专栏 01 | 费米推定小复习 | ······· 030 |

| 问题 03 | 全校学生营养午餐里的意大利面，连在一起有多长？ | ······· 031 |

| 问题 04 | 在笔记本上写满喜欢的人的名字！可以写多少个？ | ······· 044 |

| 专栏 02 | 恩利克·费米先生 | ······· 055 |

| 问题 05 | 把日本所有小学厕所里的精灵加起来，一共有多少个？ | ······· 056 |

| 专栏 03 | 正确的数据和事实 | ······· 068 |

| 问题 06 | 把全世界所有的人集中在一起，需要多大的地方？ | ······· 069 |

| 问题 07 | 用游戏币把地球绕一圈，需要多少枚？ | ······· 081 |

| 专栏 04 | 费米推定有什么用？ | ······· 091 |

| 问题 08 | 马拉松选手不停地朝着月球跑，多少天能跑到？ | ······· 092 |

问题 09 灌满一个泳池，需要多少杯中杯的珍珠奶茶？ ······· 104

问题 10 有多少日本小学生在用手机玩游戏？ ······· 116

专栏 05 一些有必要记住的数字 ······· 129

尾声 ·· 130

同类题的答案解析 ································· 132

结语 ·· 142

▎ 出场人物 ▎

费铭
正式名称："超自律型万能思考机器人·费铭-E-0929"
教莉莎和浩泰学习费米推定的奇怪的机器人。

莉莎
小学五年级学生，与浩泰既是同班同学又是好朋友。
做事认真，喜爱唱歌，喜欢观看智力竞赛类的节目。

浩泰
小学五年级学生，经常与莉莎一起做作业。
能够熟练地用手机玩游戏、检索信息，现代感十足。

问题01

日本人每天一共排出多少坨大便?

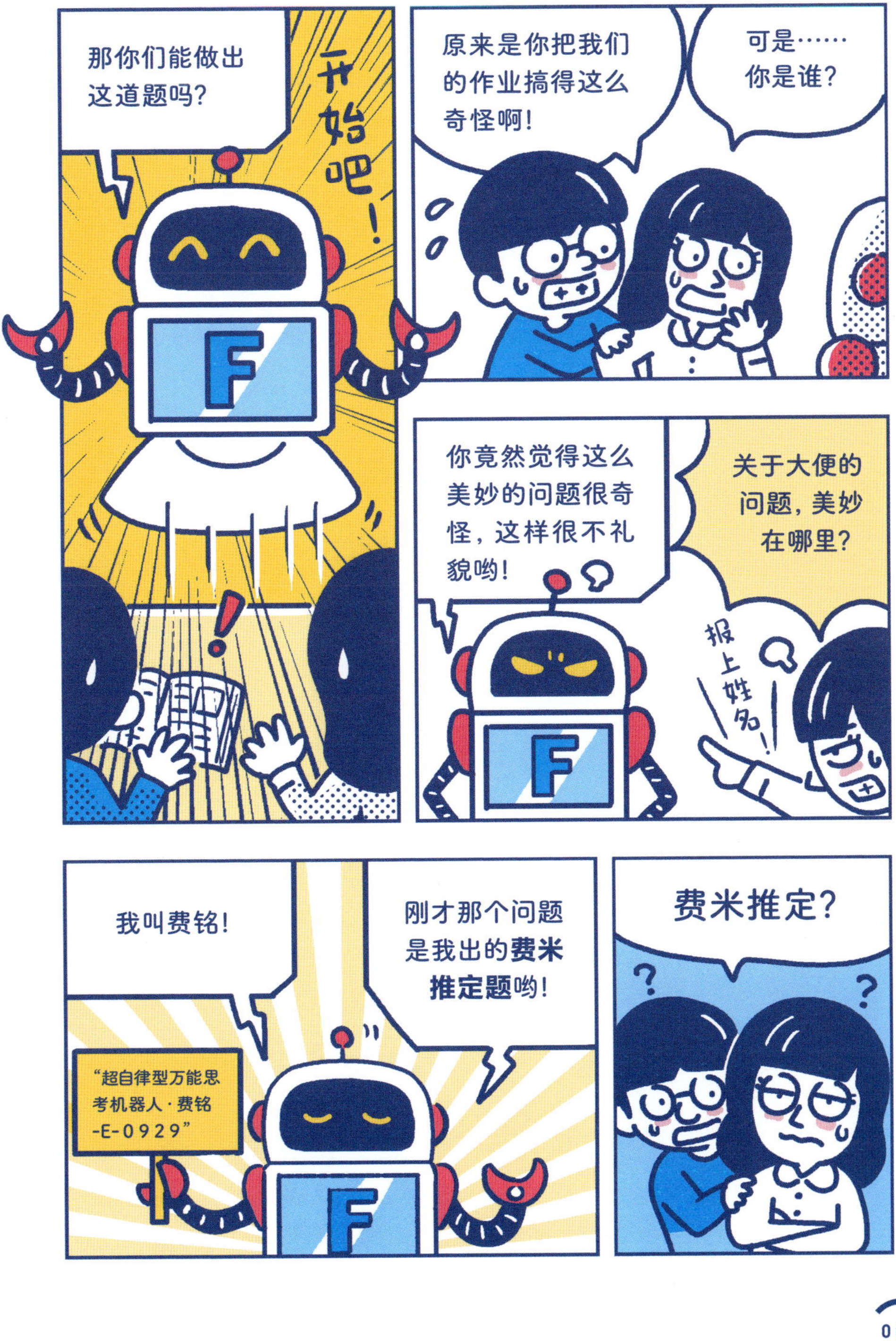

那你们能做出这道题吗？

开始吧！

原来是你把我们的作业搞得这么奇怪啊！

可是……你是谁？

你竟然觉得这么美妙的问题很奇怪，这样很不礼貌哟！

关于大便的问题，美妙在哪里？

报上姓名！

我叫费铭！

"超自律型万能思考机器人·费铭-E-0929"

刚才那个问题是我出的**费米推定题**哟！

费米推定？

所谓费米推定，就是指想办法解答"没有正确答案的问题"。

费米推定题
＝
没有正确答案的问题

如果能回答我出的费米推定题，我就把你们的作业恢复成原来的样子。

呵呵……

好哇！那我们就思考一下答案吧！

期待

可是……想得出答案吗？

嗡嗡

嘿

没有正确答案的问题，怎么回答得出来呢？

莉莎，冷静！我们先上网查一查吧，大便的数量应该能立刻……

用手机

查不出来……

哐一当

看来网络也不是万能的啊……

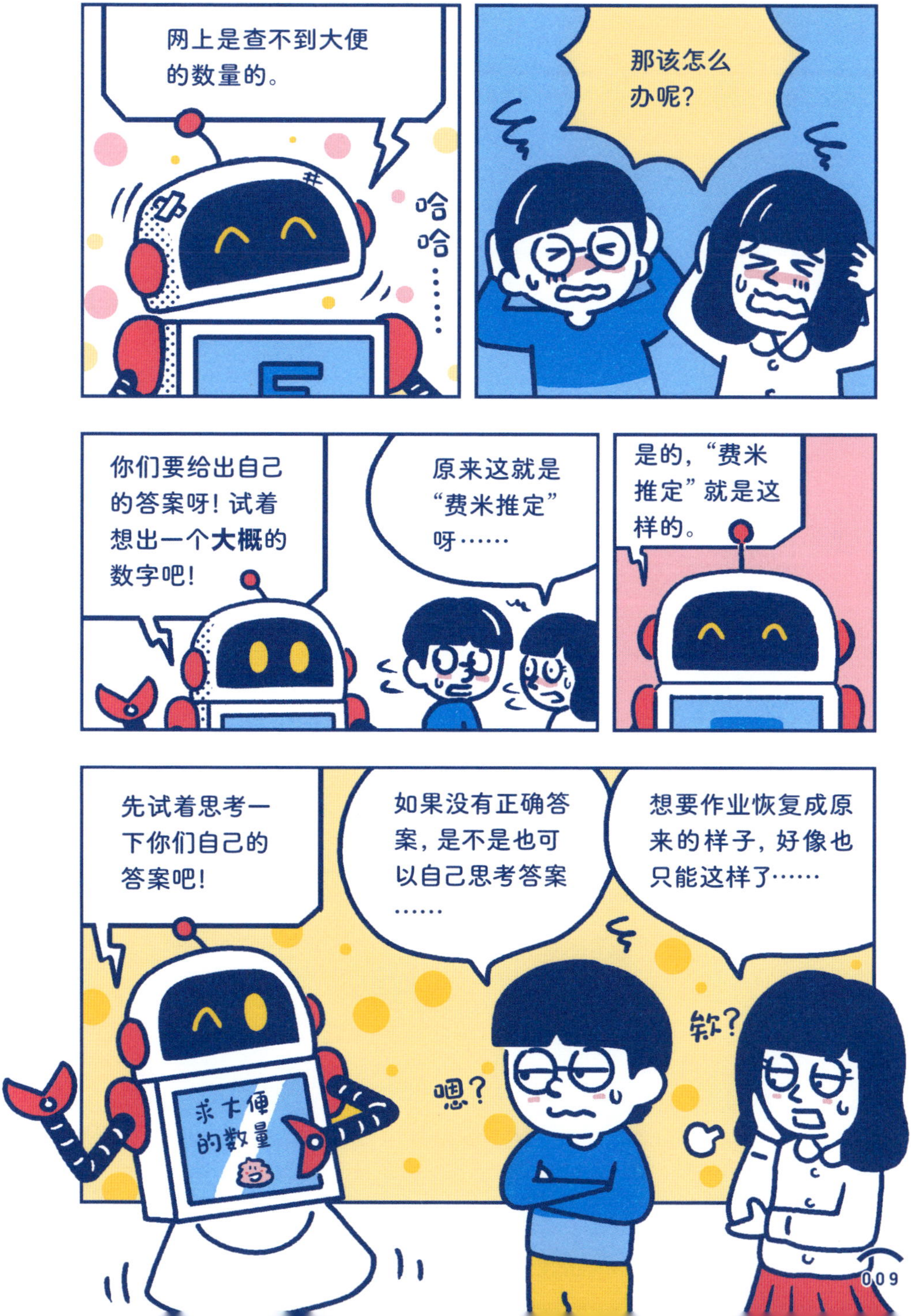

了解一下费米推定吧!

问题
01

日本人每天一共排出多少坨大便？

砰！

那么，就挑战一下费米推定的问题吧！

好吧……如果挑战成功，你得把
我们的作业恢复成原来的样子。

可是，没有人会知道
大便的数量吧？

学会费米推定，
**就算是没人知道答案的问题，
也可以想出答案**哟！

费铭，也许你能做到……
可我们想不出来啊。

哪有我做得到，你们做不到的事情？
费米推定想要的不是正确答案，
而是一个**大概的答案**哟。

大概的？这么说，
答案不会只有一个对吧？

对。**不同的人会推定出不同的
答案，解答方式也会不同。**

费米推定难道这么随意吗？

不不，费米推定可不是瞎猜，
要尽量得出具有说服力的答案哟。
你们先试着做一下吧！

费米推定开始!

说是让我们试试看,
可是从哪里开始呢?

现在毫无头绪,
所以没有信心能给出有说服力的答案呢。

 喂! 不要一来就放弃, 好好想想嘛!
先从可以看到线索的地方着手。
想一想从哪里着手可以顺利得出答案呢?

嗯……因为想算出
大便的数量……一共有多少个……

一个人一次在厕所里排出的大便数量是?

 对, 就是这个思路。认真想一想, 首先需要知道
什么条件之后才可以计算呢?
之后还需要知道什么才能得出答案呢?

同样，题目中……说的是"日本人"，那排大便的人数就是指**日本的总人口数。**

 对对！逐渐有头绪了对吧？

嗯，还有啊，我们每天去几次厕所呢？

也就是说，需要知道**每人每天去厕所的次数**对吧？

 很好嘛！**想象问题的场景，**这在费米推定中很重要呢。

接下来该怎么办呢？

 那就用这三个条件推导出计算公式。第一次我来帮你们总结：

推定中……

（每人每次在厕所排出的大便数量 × 每天去厕所的次数）× 日本人口

只要往帮铭做的这个公式里填入数字就可以了。

不过，这个公式需要的第一个数字，也就是**每人每次在厕所拉的大便数量，**这个可不好算啊。因为有时是好长的一条，有时又是零零碎碎、一块一块的。

 在费米推定中，**不知道或不清楚的数字可以根据自己的经验和体验思考。**

那就是 3 坨! 我一般都是拉 3 坨。莉莎你呢?

不要让我说这么难为情的事情啦! 3 坨可以，就 3 坨吧!

 哈哈哈，既然这样，就按 **3 坨**计算吧!

啊? 可以吗?

 按照自己的经历和体验去思考就没问题哟。下一步需要知道的是**每天去厕所的次数，**你们每天去几次呢?

我去 5~6 次……不过，也包括尿尿的次数哟。

这里需要的是拉大便的次数哟。如果闹肚子，去厕所的次数会更多……

用大概的次数就行。

那样的话**一次**怎么样？
我一般一天一次。

看来，关于大便的数量和次数，
不论哪个年代的人都差不多啊。

不论哪个年代？

叮咚叮咚……还不错还不错。
这就填进了两个数呢！

推定中……

（3 坨 × 1 次）× 日本人口

日本的总人口数是多少？

这一步很简单，在学校学过的。
好像是……一亿？

我记得，大约是一亿两千万人！(得意！)

那么，取个整数，就算**大概一亿人**吧。

啊？用大概的数字也可以吗？

嗯。假设这个问题有准确的答案。
只要和准确的答案位数相同，
费米推定就是基本正确的。

好不容易知道了那么具体的数字，用不上多浪费啊。

我很理解你。
可是，**这比计算错误后得出**
位数不同的答案好多了。

好吧。用具体数字计算很容易算错，这样也好。

那日本人口就按**一亿**来算！

推定中……

（3坨 × 1次）× 1亿人

| 步骤 04 | 推定结果，公布！ |

到了这一步，就只剩下计算了。**因为是粗略思考后得到的结果，答案就用"大约"表示吧！**

知道啦。这个用心算就可以啦！
3×1×1 亿，答案是……

大约 3 亿坨。

好！你们的答案出来了。
费米推定结束了！

你怎么这么快就说出来了？！
浩泰你真讨厌，我也想说出答案呢。

对不起，对不起！我实在是没有忍住。

虽说算出了结果，但最初怎么也想象不到是这样的！

 对没有人知道答案的问题进行粗略计算，这就是我说的费米推定！下一次，还可以用不一样的方法哟。

原来，费米推定的目的并不是得出正确的答案。

 **是的。重要的是，将没有正确答案的问题一直思考到尽头。**

感觉费米推定很有趣呢！

这个问题中用到的数字

- ◆ 每人每次在厕所排的大便数量——大约3坨
- ◆ 每人每天拉大便的次数——大约1次
- ◆ 日本人口——大约1亿人

日本人每天一共尿多少次尿？

提示

◆ 日本的总人口数大概是多少？

◆ 你一天尿几次尿？

答案解析见 → p.132

自己喜欢的歌曲，一天能唱多少遍？

欸？学校的作业还没有恢复成原来的样子呢！
你不是说回答出你的问题就会恢复的吗？

我可没说只推定一个问题就够了哟。
而且费米推定**可以解决很多问题**呢，
我想让你们了解更多。

你太狡猾了……不过，我很好奇除了大便的数
量，还可以推定别的吗？刚才的问题挺有趣的。

当然。所以，我希望你们能和我一起挑战
各种各样的问题。

那就试着推定一下**一天可以唱
多少遍自己喜欢的歌曲**吧！

这个啊，唱一下就知道了呀！

是吗？是一整天不停地唱哟。
吃饭的时候唱，上厕所的时候唱，上课的时候
也唱，玩的时候还要唱，而且……

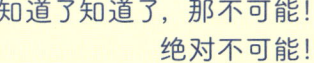知道了知道了，那不可能！
绝对不可能！

可是……真的能推定出来吗？

当然可以！
**通常，那些看上去不可能的事情，
才有推定的价值。** 快点儿试一试吧！

费米推定开始!

嗯……上一个问题,
是先从**可以看到线索的地方**开始思考的。
这次也一样吗?

是的。在费米推定中,任何问题
都是从**可以看到线索的地方**开始的。

"一天唱多少遍?"
真是没有头绪啊……

在推定问题之前,**试着把关键线索换成简
单易懂的例子思考一下。**

什么意思?

比方说可以试着思考……
10 分钟内可以唱几遍时长两分钟的歌呢?

那很简单啊。**10÷2=5。
10 分钟内可以唱 5 遍时长两分钟的歌!**

啊！刚刚是说**不停地唱 10 分钟，**如果替换成**一天**的话，思考方式不也是一样的吗？

非常正确。直接换成这次的问题，推定公式不就出来了吗？

这么说……也对！

推定中……

<u>不停地唱歌的时间</u> ÷ <u>一首歌的时间</u>

步骤 **02** 　**一天是多少个小时？**

将已知的数字填入这个公式吧！

一直不停地歌唱的时间，
第一个数字都不用想，一天嘛……

24 小时！

又被你抢答了，本来是我想说的！

没事没事，还有机会呢！推定才刚刚开始。

推定中……

24 小时 ÷ <u>一首歌的长度</u>

一首歌有几分钟？

接下来需要知道**一首歌的时长**……
可是，歌曲不同，时长也不同啊。

 都说过了，**可以根据自己的经历和体验进行思考。**如果实在想不起来，你们就试着唱一下自己喜欢的歌嘛!

哦，可我是个乐盲。

真拿你没办法。好吧，我来唱吧。啦啦啦……啦啦……啦啦啦……啦啦……怎么样? 几分钟?

哎哟，对不起，我没计时。

浩泰你真是没用! 费铭你来帮我计时吧! 啦啦啦……啦啦……啦啦啦……啦啦……怎么样? 几分钟?

 哎哟，对不起，我忘记停止计时了。

费铭! 你怎么也这样!

 骗你的啦，两次我都计时了，每次都是 4～5 分钟。

这么说，我感觉我喜欢的歌大部分都是 4～5 分钟的。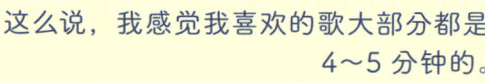

好了，浩泰，你别说了。
那是我辛辛苦苦唱出来的。

 **事先体验也很重要。**
但实际上，不停地唱会非常累。
不可能为了得出正确答案就不停地唱一整天呀。

所以才要用费米推定的方式啊。

 那么，
就按**一首歌的时长大概为 5 分钟**来计算吧！

好！按大概的时长！

推定中……

24 小时 ÷ 5 分钟

一天有多少分钟？

填进推定公式里了！

接下来就是简单的除法计算了，24÷5！

欸？！浩泰，你等等。**24 小时和 5 分钟……它们的单位不一样**啊。

 莉莎真棒！发现了重要的问题。遇到这种情况，**要先统一单位再计算。**

对哟，时间有不同的单位呢。**一天是24小时，一小时是60分钟，一分钟是60秒。**

这个问题中，已经把一首歌的长度算作**5分钟**了，那就把一天也**换算成分钟**吧。

 交给我吧！一天 24 小时，就是 **24×60=1440 分钟!** 也就是说，用 **1440÷5** 这个算式就能算出来了！

 嗯，那样也不错。不过，既然可以用费米推定，就再粗略一点儿吧！

是的。费米推定用更容易计算的**粗略算法**也可以呢。

 是的。这是一个可以**粗略计算**的好机会呢。我们试着改变一下 1440 分钟吧。

那么，用 **1500 分钟**怎么样呢？

 可以啊，那样算起来就更简单了。

一天可以唱多少遍自己喜欢的歌曲？把这个算式整理一下，就是下面这样的。

推定中……

1500 分钟 ÷ 5 分钟

1500÷5=300，大约 300 遍！
即便用 1440 分钟计算，
1440÷5=288 遍。答案几乎相同呢。

就算生活中很难做到，但如果想知道答案，
也不是不可以！

是的。**那些现实中不容易验证的事，
用费米推定就可以得出答案了。**

这个问题中用到的数字

◆ 一天的时间——**24 小时**（大约1500分钟）
◆ 唱一首歌的时间——**大约5分钟**

青蛙在一天内，可以"呱呱、呱呱呱、呱呱呱"地叫多少次？

提示

◆ 你叫一次"呱呱、呱呱呱、呱呱呱"要用多少秒？

◆ 一天大概有多少秒？

答案解析见 → p.133

费米推定小复习

亲爱的小伙伴们，到这里你们觉得费米推定有趣吗？如果觉得有趣，就一起复习一下费米推定究竟是什么样的吧！

① 没有正确答案的问题

费米推定，就是推定**没有正确答案的问题。**解答方法和最终答案都不止一个。但是，也不能瞎猜，要尽量给出具有说服力的答案哟。

② 先来找线索

把问题代入场景，想一想第一步要搞清楚什么，再**从简单的地方开始进行粗略的思考**，之后就能得出计算公式啦！

③ 粗略计算

费米推定就是粗略计算！要灵活运用自己的经历、体验，以及掌握的知识进行大概的推定。比如可以用"大概100"或"四舍五入为1000"这样的数据进行推定，不用太计较精准无误的答案。不过，在平时的作业和考试中，千万不能这样做。

好啦，先复习这些，让我们继续前进吧！

＊ 考虑到本书的易读性，作者优先采用了较为粗略的推定方法。

＊ 本书中采用的数据，参考了本书出版日期前后的相关数据。

全校学生营养午餐里的意大利面，连在一起有多长？

昨天冷不丁冒出个叫费铭的家伙，真是让人受不了……

两道作业题都变成了费米推定，要是能恢复成原来的样子就好了……

不会今天的作业又是……费米推定吧！

是的呢。好像是……**全校学生营养午餐里的意大利面连在一起的长度？**

 久等了！
我刚才在原来的时代里办了点儿事，所以来晚了。

原来的时代？算了，先不说这个了，费米推定昨天不是已经结束了吗？

 什么？你们的时代，学生营养午餐里竟然还有意大利面啊？

这个不是重点！我是说费米推定还要继续做吗？

 要继续呀，我昨天没说要结束啊。
当然，你们也可以不做，不过作业是不会恢复成原来的样子的。

你这是强迫……这也太霸道了吧。不过，难道**任何事物都可以成为费米推定的问题**啊……

步骤 01 费米推定开始！

嗯……没办法。
还是先**找线索**吧！

通过昨天的两个问题，你们已经知道了费米推定不需要太在意细节，只需要**大概思考一下**就可以。

嗯，解决这道题需要先知道**每个人的意面连起来的总长度，**对吧？

还得知道**学校的学生人数！**

是的！先算这些吧！

那公式是这样的吧？

推定中……

每个人的意面连起来的长度 ×
学校的学生人数

那么，怎样才能算出
每个人的意面连在一起的长度？

虽说得算出每个人的意面连起来的长度，
可现在还不知道**每根意面的长度。**

而且也不知道**一个人有多少根意面。**

如果无法直接用估算的方法解决，
可以分解得再具体一些。

是吧！我们刚刚说的那些还没搞清楚的
数字，接下来用乘法计算就可以了对吧？

一根意面的长度乘以根数，
就是一个人的意面连在一起的长度！

非常正确！
整理一下，算式就出来啦。

推定中……

（一根意面的长度 × 每个人意面的根
数）× 学校的学生人数

步骤 03 　　仔细观察意面②

接下来，把数字填入算式里吧！
意面在煮之前更容易想象长度对吧？

煮之前？煮了的话，一般会
变得长一点儿吧？

不过，也只是长一点点，不用太在意。
粗略估计一下嘛！

就是这个意思！那煮之前的长度大概有多少？

我偶尔也会自己煮意面，
不过我没有太在意呢……

好吧，我身体里什么都有，
请帮我拿一些意面出来吧！

好厉害！你的身体里怎么什么都有呀？

话说……昨天它肚子里还飞出来了好多大便呢！肚子里装那么多东西，没事吧？

 不要在意细节！
快回答，**一根意面有多长？**

没有尺子，量不出来哟。从你的肚子里拿出一把尺子吧！

 没有尺子也没关系呀！用手量一量吧！
用你们的手和一根意面比比看怎么样？

手？对哦，跟两只手伸开的长度差不多。

 你们这么大的孩子的手，**从大拇指到小拇指的长度大概是 15 厘米。**

那两只手的长度加起来，**一根意面就是大约 30 厘米**了。

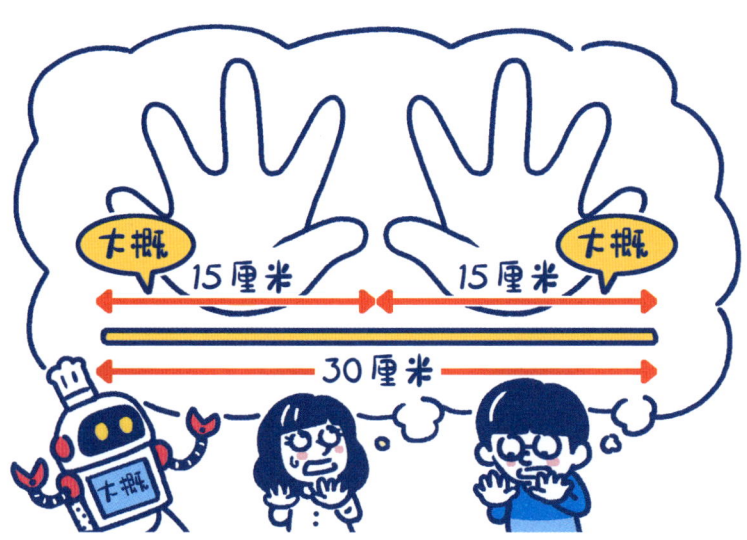

 不错！总算有一个数字可以填入算式了。

好神奇啊！竟然可以想到大概的长度。

 当然，这也算是一把 30 厘米左右的尺子呢。

如果知道某种东西大概的长度，
即便没有测量工具，也可以推测出来。

 是的，**可以参照某个标准思考。**

推定中……

（30 厘米 × 每个人意面的根数）× 学校的学生人数

步骤 04　　仔细观察意面③

 还有一点，要想想**每个人有多少根意面？**

我偶尔煮意面的时候，也没数过有多少根，
只是随便拿一把丢进锅里。

 浩泰，从我身体里取
出的意面中抽出足够
一个人吃的量吧！

好，大概这么多。

一把有多少根？

具体数清楚有点儿难……大概有 100 根吧？

很好，那就按 **100 根** 算吧。

就算粗略推算，这么简单地就决定一把
意面有多少根，也不太好吧？

不过，**确实是比 10 根多，比 1000 根少** 对吧？
所以，我就大胆地 **把它当作 100 根** 啦。费米推
定中，**最关键的是时刻把数字的位数放在心上。**

推定中……

（30 厘米 × 100 根）× 学校的学生人数

步骤 05

学校有多少学生？

最后该计算**学校的学生人数**了。
这个也可以报我们学校的人数吧？

呵呵……我有一张全校学生之前在校园里拍的
集体照，数一数照片里有多少人就知道了！

浩泰，那你数一数吧！

好的！1、2、3……照片上的人都好小啊，不好数……

莉莎，那你们班有多少人？

30 人，我知道还有一个班是 32 人。

那就参考莉莎班里的学生人数吧。
一个班有 30 人，一个年级有两个班，
一所小学有 **6 个年级，**所以……

30×2×6……大约360人！

啊？**不用数**啊？
这样也可以知道学生的大概人数，好厉害啊！

嘻嘻，虽然让你白数了，
不过我还是很感动呢……
这一切让我更深刻地理解了人类的情感。

哈哈哈，费铭你在学着体会人类的情感啊。

是啊。无论是人类还是机器人，都得持续学习呀。好了，将**学生的人数**填入算式吧。

嗯，用**360人**计算。
费铭你觉得**数字可以再粗略一些**吗？

嗯，也可以啊。将个位数和十位数去掉，用**300人**来计算更容易。

这种计算方法太马虎了！

推定中……

（30 厘米 × 100 根）× **300 人**

步骤 **06**

推定结果，公布！

所有的数字都齐全了哟。

30×100×300，所以我的答案是……

大约 900000 厘米！

浩泰，又是你说答案！
我觉得你好霸道！

……

怎么了费铭？
难道 900000 厘米不可以吗？

可以的。不过你不想把它**换成容易想象的长度**单位吗？
把厘米换成千米怎么样？

对哟，真的难以想象 900000 厘米的意面连在一起是什么样。

这样的话，900000 厘米可以换算成
9000 米——9 千米！

（长度单位）
1 厘米 =10 毫米
1 米 =100 厘米
1 千米 =1000 米

嗯,**差不多 10 千米**呢。
这么说,这是多长呢?

嗯……比如,我们学校的跑道一圈
是 200 米……大概 50 圈吧。

哇,好长啊!

呵呵……将推定出的数字跟某个事物比较
一下,印象就更加深刻了。

这个问题中用到的数字

◆ 一根意面的长度 —— 大约30厘米
◆ 一个人的意面根数 —— 大约100根
◆ 学校的学生人数 —— 大约300人

把学校的厕纸全部连起来,一共有多长?

提示

◆ 一卷厕纸有多长?

◆ 厕所的每个隔间大概放几卷厕纸?

◆ 学校的厕所大约有几个隔间?

答案解析见 → p.134

在笔记本上写满喜欢的人的名字！可以写多少个？

 浩泰，莉莎，作业进展顺利吗？

哎呀！费铭，今天的作业没有换成费米推定哟。

费米推定太有趣了，我都不想做作业了……（嘻嘻嘻……）

不过莉莎，你虽然心不在焉，但在笔记本上又写得飞快……你在写什么呀？

 呵呵！好像在写某个人的名字哟。不会是你喜欢的人的名字吧？

喂！不要随便看哟！费铭，虽说你是机器人，也得学着体谅一下人类的心情嘛！

 我想到今天推定什么问题了！
在笔记本上写满喜欢的人的名字！
可以写多少个？

 这也太突然了……

费米推定开始！

首先，还是得从**可以看到线索的地方**
开始思考，对吧？写满一本笔记本……
也就是说，将每页纸填得满满的。

那么，我想知道**一面纸可以写多少个名字！**

还有，得知道一本笔记本的总面数。
一本笔记本一共有多少面……

很好，做到第四题了，你们越来越
熟练了。

费铭，这次的算式是不是这样的？

推定中……

一面纸可以写的名字的数量 ×
一本笔记本的总面数

步骤 02

一面纸可以写的名字的数量①

从这里开始变得难起来了呢。
一面纸可以写的名字的数量，
这该怎么推算呢？

喂，关于意面的问题（问题 03），之前是怎么解决的呢？

如果粗略估计也不行的话，
就试着把它分解得更具体一些？

嗯，如果能知道**一面纸可以写多少个字**就好了……

没错，莉莎！
首先要知道一面纸可以写多少个字，还有呢？

因为要写**喜欢的人的名字，**
肯定需要知道那个人的名字由几个字组成。

是的，如果知道了这两点，那就可以知道
一面纸能写多少个名字。

不过，这两个数字该怎么算出来呢？

你忘了问题 02 中，试着
把关键线索换成简单易懂的例子的办法了吗？
嗯……看这个！

不就是张纸片嘛！

 这面纸上可以写 10 个字，也就是说可以写 5 次我的名字。

嗯，10÷2=5。

是的，浩泰！笔记本也一样哟。
一面纸可以写的字数÷喜欢的人的名字的字数！

哦哦，这样就知道
一面纸可以写多少个名字了！

推定中……

**（一面纸可以写的字数 ÷
喜欢的人的名字的字数）× 一本笔记本的面数**

步骤 **03** | **一面纸可以写的字数②**

推定很顺利哟！下一步，
想想笔记本的**一面纸能写多少个字**吧！

在费米推定中，也可以
根据自身经历和体验进行思考！

虽然会花很长时间，
但写满一面纸试试呢？

可以可以。那样也行，不过能不能想想是否
可以**替换成类似的东西**呢？
笔记本是这样的情况……
可要是换成写作文的稿纸呢？

写作文的稿纸？还可以替换呢！
那一面稿纸上可以写多少个字呢？

稿纸的话，一面可以写 200 个字，左右
两面加在一起，可以写 400 个字吧。

是的，也就是说一面可以写 **200 个字。**
笔记本的一面大概也差不多吧？

这么说来可能是哟。

好，接下来是**喜欢的人的名字的字数**了。

莉莎，你喜欢的人的名字是几个字的呢？

哼？！我为什么要告诉你呢？

你紧张什么？用一下你写的名字而已嘛，难得有这么好的机会。

这样啊，是**4 个字**的……不过名字保密哟！

哈哈，和我的名字的字数一样呢。

 好了好了，快把数字填入算式中吧！

推定中……

（200 字 ÷ 4 字）× 一本笔记本的面数

步骤 **04** | 笔记本一共有多少面？

200÷4=50……

一面可以写 50 个名字。

不错。接下来，就是**一本笔记本的面数**了。
你们**根据平时的印象想一想**吧。
笔记本，每天都在用，所以应该大概知道
面数吧？

这样……
不过真没怎么留意面数呢。

嗯嗯。莉莎，看看你手上的笔记本。
不用数，大概说一下有多少面。

好吧……**大概 50 面**吧。
平时用的好像也是这么多。

嗯，我的也差不多这么厚……

不错，你们俩的感觉差不多。
那就按 **50 面**计算吧。

奇怪，突然被问到每天都在用的东西，
竟然答不出来。

是啊。所以，**平时如果对身边物品的数量
或大小多留意些就好了。**
说不定什么时候就派上用场了。

推定中……

（200字 ÷ 4字）× 50 面

步骤 05 | 推定结果，公布！

这么说来，（200÷4）× 50=2500，大约 2500 个！

 嗯！推定得很棒哟！

哎呀！莉莎你在干什么？

普通的字号，可以写 2500 个对吧？
如果用普通字号的四分之一的大小写，
可以写一万个，哈哈……

这个问题中用到的数字

◆ 笔记本一面纸可以写的字数—— 大约200字
◆ 喜欢的人的名字的字数—— 4个字
◆ 一本笔记本的面数—— 大约50面

你也挑战一下吧！

同类题 04

在一份报纸上写满喜欢的人的名字！可以写多少个？

提示

◆ 报纸上的字是多大的呢？

◆ 一面报纸的面积是多大呢？
（一面报纸的面积 = 长 × 宽）

◆ 一份报纸大概有多少面？

答案解析见 → p.135

恩利克·费米先生

亲爱的小读者们，读到这里的你们，知道为什么这种计算方法叫费米推定吗？

费米，其实是一个人的名字。

而这个人就是著名物理学家**恩利克·费米**（1901—1954）。他在1938年获得了诺贝尔物理学奖，是一位伟大的科学家。

费米先生在他的专业——物理学中，经常要处理很大的数字和很小的数字。他经常说："正确的计算固然重要，但有时计算也不需要过于精细。"费米先生为什么这么说呢？**因为能够粗略推算问题的答案和实验的结果在某些时刻很有必要。**费米先生就非常擅长做粗略的推算。

据说，费米先生曾给他的学生出过以下问题：

●**芝加哥*有多少位钢琴调音师**？**

●**全世界的海滩上一共有多少粒沙子？**

●**如果乌鸦不停地飞，可以飞多远？**

以上无论哪个问题，都无法马上回答。答案粗略一些没有关系，如何思考才是最重要的——费米先生让学生们认识到了挑战没有正确答案的问题的重要性。

---

* 芝加哥——美国的一个城市。费米先生曾在芝加哥大学任教。

** 调音师——将乐器调得可以发出准确音响的人。

数据来源：作家史蒂芬·韦伯的著作《宇宙中只能看到地球人的75个理由》，日本青土社，2018年。

啊！真的不是……猜谜游戏吗？

把日本所有小学厕所里的精灵加起来，一共有多少个？

听说我们学校也会出现"精灵"呢！

啊，真的？
太奇怪了！

是吧是吧，你们在说
"厕所里的精灵"吗？

是啊……费铭，你连这个也知道？

嗯。就是那个在没有人的厕所敲门问"在吗"，
却有人回答"在"的故事对吧？

对，你知道得很清楚嘛。

就算是我所在的时代，这也是学生们在学校里
必定要讲的故事哟。看来大家都差不多啊。

你所在的时代？
之前你也说过时代什么什么的，怎么回事？

不管怎么说，这个故事在日本所有的小学里
广为流传啊。

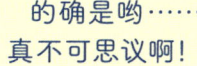的确是哟……
真不可思议啊！

那我们这次就拿这个故事做费米推定吧！**把日本所
有小学厕所里的精灵加起来，一共有多少个？**

一共有多少个精灵?!
该从哪里着手思考呢?

刚刚浩泰说我们学校也有,
那就有了一个哟。
接着呢,听说隔壁镇子的学校也有呢。

那答案就是 1+1=2!
做好了!第五题做完了!

 喂喂,这是费米推定哟。
精灵的故事不止是一所或两所小学才有的。
不是全日本的小学都有吗?

是啊,浩泰。把范围想得再大一些才行。

对不起,我太着急了。

 不过,刚才的表现还不错。
你们的学校有一个精灵。
隔壁镇子的学校也有一个精灵。

你这是在给我们提示吧?
啊?
难道每所小学都有一个精灵?

 不错不错,终于有费米推定的感觉了。
接下来呢?

精灵的数量和小学的数量
是相同的！

也就是说，**知道了全日本有多少所小学，
就知道全日本有多少个精灵了！**

很好！这次我们尝试着把问题换到"也就是说，
是这么回事"的思维模式上去。

我还以为这是个猜谜游戏，没想到是
正儿八经的费米推定呢。

那么，能够找出答案的线索，
就是这个了。

推定中……

厕所里的精灵的数量 = 全日本小学的数量

如何算出日本有多少所小学？

全日本有多少所小学这个问题用手机查一下就知道了吧？

不行。在费米推定中，只能**用已知的信息进行思考。**

啊……（手机得收起来了……）

用我们已经知道的信息能算出**全日本有多少所小学**吗？

嗯……那个？这么说来，之前好像做过"全日本有多少所小学"的推定……

哎呀，想起来了，试着回忆一下吧！

想起来了！推定意面的问题（问题03）时，我们推定过**小学生的人数**呢。

对。比如，用一所小学的学生人数，**可以推算出日本所有小学的学生人数**吧？

嗯……粗略一点儿也没关系。

一所小学的学生人数 × 全日本小学的数量 ＝ 日本所有小学的学生人数，对吧？

太棒了！你们看，关键线索**"有多少所小学"**推定出来了！

这么一来，将莉莎刚刚说的算式改成除法，就跟将"3×2=6"改成"6÷3=2"是一样的。

用全日本的小学生人数除以一所小学的学生人数就可以算出有多少所小学了。

你们两个都很棒！这样一来，算式就出来了！

日本的小学生分布在多少所小学里？

推定中……

日本所有的小学生人数 ÷ 一所小学的学生人数

首先，得推定出**日本的小学生人数。**

都说日本现在是少子老龄化社会，
小学生比大人要少呢。

嗯，你们很清楚这些啊。
可在我的时代，这个问题已经被解决了。

又来了……听起来费铭好像是
从别的时代来的。

哼！那该怎么推定呢？

在关于大便的问题（问题 01）里，
我们**把日本的人口大概算作一亿**了对吧？
这个数字不也可以用吗？

原来是从那里开始推定呀。不过，
少子老龄化这个情况该怎么处理呢？

这次，**把一亿人中每个年龄段的人都当成
相同的数量**思考怎么样？

也就是说，**把所有年龄段的人数
都当作一样的，**对吗？

是的是的。虽然**实际上并非如此，**但可以大概推定……

所有年龄段的人……难道是从 0 岁到 100 岁吗？

 是啊！粗略地设定成 100 岁的话，就比较容易计算了。

 很好！每个年龄段的人数都相同。

如果用一亿除以一百，就知道每个年龄段的人有多少了。1亿÷100=100万，大约100万人。
（100000000÷100=1000000）

 好！那么**小学生的人数**就可以算出来了。试着用相同的年龄等于相同的年级来思考一下怎么样？

这样啊！从一年级到六年级一共 6 个年级。**小学生的人数**，就是 **100 万 ×6=600 万，大约 600 万人。**

推定中……

600 万人 ÷ 每所小学的学生人数

每所小学的学生人数， 在意面那个问题（问题 03）中已经确定了，可以直接用在这里吗？

每个班 30 人 ×2 个班 ×6 个年级，**大概是 300 人**吧。

可那是我们学校的学生人数哟，难道说其他小学也有这么多学生吗？

 好问题！**你们可以把其他学校的人数也设想成一样的人数，**尽管实际上并不一样。

好的，那就把 **300 人**代入算式吧……

600 万人 ÷ 300 人

步骤 **05** | **推定结果公布！**

全日本小学的数量为
600 万人 ÷300 人 =2 万，大约两万所。

也就是说，假如日本每所小学
都有一个精灵的话……
那**日本大约有两万个精灵！**

 总算得到答案了！太棒了！

哎呀，好辛苦啊！
用手机好像能轻松查出答案呢。

 是的。这个问题的确能很快地查出答案，
不过**靠自己得出答案**的感觉挺不错吧？

嗯！很开心！

虽然有点儿辛苦，但用这样的方
式算出答案，真的很开心！

 真不错，我专门给你们准备了奖品！

什么奖品?（翘首以盼）

 请敲一下我胸前的画面！
同时问一句"在吗?"。

啊?! 我感觉不太妙……
浩泰，还是你来吧！

啊，我?! 行不行啊……
在吗?(砰砰砰)

 在! 全日本两万个精灵，
在这里同时回答呢！
马上就要出来了哟！

哎呀! 这哪里是奖励呀，
根本就是捣乱游戏嘛！

这个问题中用到的数字

◆ 日本小学生的人数——大约600万人
◆ 日本每所小学的学生人数——大约300人

今天过生日的
日本小学生有多少个？

提示

◆ 听到"生日快乐"的祝福声，那些孩子当然……

◆ 日本大概有多少个小学生？

答案解析见 → p.136

正确的数据和事实

在问题 05 中，浩泰提到了"少子老龄化"。实际上，日本现在的人口状况是这样的。

2015 年的人口构成

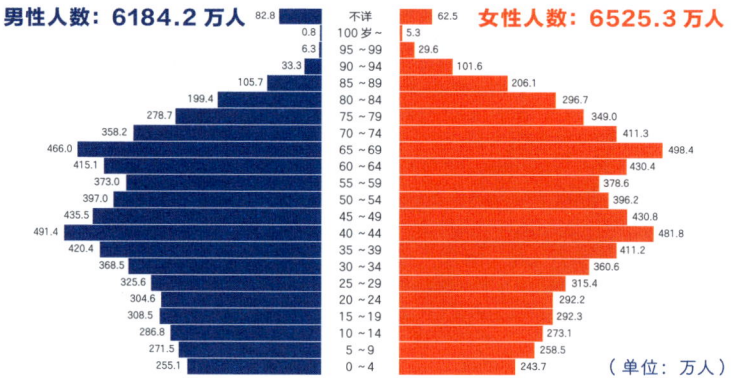

男性人数：6184.2 万人 | 不详 | **女性人数：6525.3 万人**

男性	年龄	女性
82.8	不详	62.5
0.8	100 岁~	5.3
6.3	95 ~99	29.6
33.3	90 ~94	101.6
105.7	85 ~89	206.1
199.4	80 ~84	296.7
278.7	75 ~79	349.0
358.2	70 ~74	411.3
466.0	65 ~69	498.4
415.1	60 ~64	430.4
373.0	55 ~59	378.6
397.0	50 ~54	396.2
435.5	45 ~49	430.8
491.4	40 ~44	481.8
420.4	35 ~39	411.2
368.5	30 ~34	360.6
325.6	25 ~29	315.4
304.6	20 ~24	292.2
308.5	15 ~19	292.3
286.8	10 ~14	273.1
271.5	5 ~9	258.5
255.1	0 ~4	243.7

（单位：万人）

在这个图表中我们可以看到，**（包含男女在内）有的年龄段人口少于 100 万人，有的年龄段人口超过了 200 万人**。虽然，有的时候费米推定确实可以粗略一些，但如果可以得到正确的数据和事实，还是希望能用在费米推定中。这样才能进行**不至于太粗略、更具有说服力的推定**。建议大家在完成推定后，再调查一下是否还能得到更准确的数据。

＊ 此图表依据"2015年日本人口调查结果"制作。

把全世界所有的人集中在一起，需要多大的地方？

好想看克里斯托弗·诺兰导演的《星际穿越》啊……

这是正在被热议的科幻电影！主要以遭受环境破坏的地球为背景。电影的最后，世界上所有的人都坐着一艘巨大的宇宙飞船去往其他行星了……

啊！太过分了！你竟然剧透……

哇，对不起对不起。因为太好看了，所以不小心就……

 啊！听起来不错嘛。

不要再剧透了！我很期待去看呢！

 不是不是。我是说世界上所有的人都坐着宇宙飞船去往其他行星这件事。不过，在我的时代，环境问题已经被解决了呢……

咦？你刚刚又说你的时代？

 叮咚。好了，今天我们挑战一下规模大一些的推定吧。**把全世界所有的人集中在一起，需要多大的地方？**

果然，这是从宇宙飞船想到的推定题目吧？

电影虽然被剧透了，但我打算努力推算出宇宙飞船的大小！

步骤 01　费米推定开始！

首先得找出具体的线索。题目中问的是"需要多大的地方"，那就得**思考面积**哟。

是的，最终是求面积的。

我知道计算面积的公式，比如"长方形的面积 = 长 × 宽"。按照这种方法应该可以算出答案吧？

是的，让**全世界的人站在一起，然后算一下面积**不就行了吗？

哈哈！你们的思维方式已经很有费米推定的感觉了呢。

不过，有好多种站法吧？也刚好能算出长 × 宽等于多少吧？

嗯。稍微改变一下思路。如果**人数相同的话，不管站成什么样，面积都是相同的**吧？

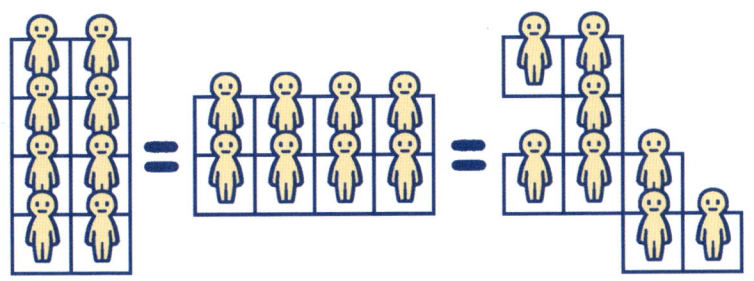

是哟！如果排成别的形状，就不能用长 × 宽的方式计算面积，但**每个人（站立时）的面积是一样的，所以只要计算出有多少个人，就可以得出总面积**了。

还有啊，这个人数代表**世界总人口**数。因为是把全世界的人集中在一起。

 非常正确！那就算一下吧！

推定中……

一个人需要的面积 × 世界总人口数

| 步骤 **02** | 想象一下一个人需要的面积吧 |

看算式，感觉这次很容易呢！

 那就……想一想怎样得出需要往这个看似简单的算式里填的数字吧。

每个人需要的面积，就是一个人站立时需要的面积。

应该是吧……不过这个该怎么计算呢？

是啊，该怎么计算呢？也不是很简单啊……

 不要想得那么复杂。好了，给你们一个提示吧。

这是国际象棋吗？看上去很像呢。
可这和这次的问题有什么关系呢？

是国际象棋，我以前玩过呢。
棋子的形状好可爱。不对，
王和后的棋子好像有些不同哟。

被你发现了。王和后的棋子是照着你们的样
子做的呢。

嗯……为什么要这样做呢？

明白了！**一个空格就是一个人可以站立的面积！也
可以说棋盘的空格就是每个人需要的面积**，对吧？

明白我的意思了吧？那**每个人的面积**该怎么
算出来呢？

做成我和莉莎样子的棋子，如果从正上方看，好像刚好占满了一个空格呢。

从正上方啊……对哟! 也就是可以用从正上方看到的长和宽相乘得出面积。

 正是如此。
那么每个人的长和宽具体是多少呢?

从正上方看，最长的地方是脚尖到脚跟的距离，也就是**脚的长度。**

宽就是**肩膀的宽度!**

 是的。那这两个长度相乘，就可以得出**每个人所占的面积**了。

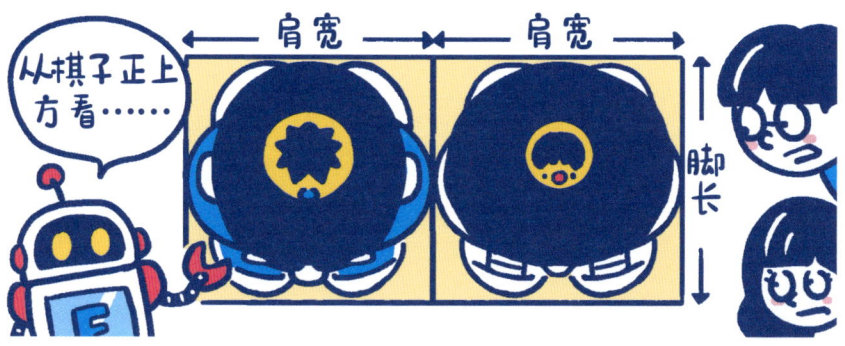

脚长 × 肩宽 × 世界总人口数

步骤 03　　每个人的占地面积？

快点儿，可以把脚长当作**脚的大小**啊。

照自己的情况说的话，我的脚有 22 厘米长。

我的有 23 厘米。那就用 20 厘米怎么样？

嗯，20 厘米也不错哟。这样也是可以的。
不过，好不容易到这一步了，就再想想吧，
现在的问题是要考虑到"全世界的人"哟。

是啊。**我们所说的"全世界的人"，其中有
很多大人呢。**大人的脚长应该在 25 厘米
到 27 厘米之间吧……应该比我的脚大呢。

是啊，一般是 25 厘米以上，
大概 30 厘米吧!

好的! 30 厘米更有说服力呢。
那**肩宽**是多少呢？

这个不像脚长那么容易知道哟……

在意面的问题（问题 03）中，
伸开的手的长度**大概是 15 厘米**对吧？

莉莎，你想到了很棒的一点哟!

对! 可以利用那一点，量一下肩膀
有几只伸开的手那么长吧……

我们的肩膀，大概有不到三只手的长度。大人的话，应该有三只手以上的长度吧。

也就是 15×3=45 厘米…… **大概 50 厘米**吧。

那就把**脚长 30 厘米**、**肩宽 50 厘米**代入算式中吧。

 稍等一下。你们不觉得接下来的计算会得出一个数字超大的答案吗？

是啊。因为是全世界的人集中起来的面积嘛。

 预想一下，将厘米换算成米吧。**30 厘米 = 0.3 米，50 厘米 =0.5 米**。

100 厘米 =1 米

30 厘米 =0.3 米
50 厘米 =0.5 米

推定中……

0.3 米 × 0.5 米 × 世界总人口数

步骤 **04**　　**全世界的总人口数是多少？**

还有一步就好了，加油啊！最后就是世界总人口了。你们知道现在**全世界有多少人**吗？

知道，学校里学过的。大约 77 亿人！

那就按照**大概80亿**算，好不好？

哦哦，知道得很清楚呢。
而且，凭借目前为止的做题经验，
也逐渐熟悉了费米推定的粗略推算呢。

嘻嘻……

不错不错。是不是很开心呢？这个时候，我被设置成了表扬你们的程序呢。

什么？因为你是机器人吗？最后这句有点儿多余呢！

顺便算算 **0.3 米 ×0.5 米**吧。

我支持莉莎的吐槽。嗯，不管怎么说，
0.3 米 ×0.5 米 =0.15 平方米。

推定中……

0.15 平方米 × 80 亿人

得出的数字好像很大哟……

需要的数字都齐了! 算一算吧……

0.15×80 亿 =12 亿, 大约 12 亿平方米。

刚才虽然把厘米替换成了米, 但还是得到了一个超大的数字。
亿平方米, 好大的面积!

还有最后一步,
再换算成一个更大的单位吧。

好, 把平方米改成平方千米吧!

1 平方千米 =1000000 平方米, 算式就变成了这样。

推定中……

12 亿平方米 ÷ 1000000

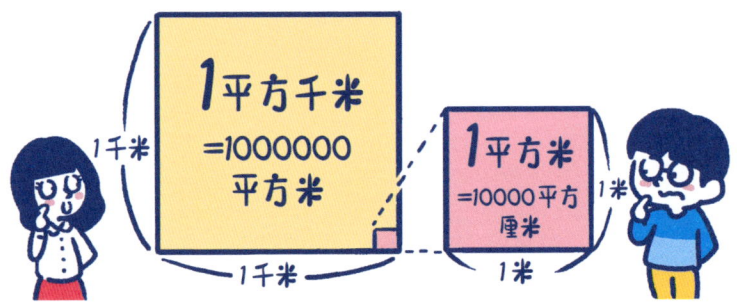

步骤
06

推定结果公布！

**1200000000÷1000000=1200，
大约 1200 平方千米！**

还有啊，与实际的面积相比较可以得知，这约等于**两个琵琶湖*（琵琶湖的面积大约为 670 平方千米），或一个冲绳岛**（1208 平方千米）。**

虽然面积很大……但真没想到可以容纳那么多人呢。

这么多人如果在一起就动不了啦，还是不要了吧。

这个问题中用到的数字

◆ 每个人的占地面积（脚长30厘米×肩宽50厘米）—— 大约0.15平方米
◆ 世界人口—— 大约80亿人

* 日本最大的淡水湖，位于日本滋贺县中部。——编者注
** 日本冲绳诸岛的主岛，位于琉球群岛中央。——编者注

把所有的日本人集中在一起，需要多大的地方？

◆ 每个人需要多少面积？
◆ 日本的总人口有多少？

答案解析见 → p.137

如果有很多游戏币就好了，真想试一试！

用游戏币把地球绕一圈，需要多少枚？

?

?

不知不觉，
抽屉就快装满游戏币了……

彼此彼此。我的抽屉里也总是装满了游戏币。

你们还在用游戏币吗？
在我的时代，玩游戏已经不需要游戏币了。

你竟然说"还在用"，
好像游戏币是古代的东西似的！

是啊。为了还在使用游戏币的你们，
出一道这样的题怎么样？
用游戏币把地球绕一圈，需要多少枚？

虽然不喜欢听你说"还在用游戏币"的语气，
但这个实际上不可能做到的事情好像
很有趣呢！

那就**按能做到的思路去想不
可能做到的事情**吧！

就是这个意思。
关键在于**要把问题想得简单一些，再根据具体
的情况去把握，这才是费米推定的特点哟。**

那是什么意思？

呵呵，我会像之前那样时不时地
帮助你们，你俩先想想吧。

步骤 01 　　费米推定开始！

嗯……假设这件事能做到的话，该从哪里着手想呢……

这次的问题是要把游戏币绕着地球放一圈，那遇到大海和高山怎么办呢？

 不要太在意细节，**要简单粗略地思考问题。**这是给你们的提示，接住它们吧!（从肚子里吐出了一个球和一些游戏币。）

哇！足球和游戏币？！

是说把这个足球看作地球，将游戏币放在足球的表面上的意思吗？

 是的。也就是说，在这个问题里，**无论是在海面上还是陆地上，都可以放游戏币。**

哦，这样的话，问题一下子就简单多了。

那首先得知道这个球的周长吧！

而且，还得知道游戏币的直径吧……

这样的话，**用足球的周长除以游戏币的直径，就可以知道放多少枚了。**

太棒了！
那这个问题想知道的是什么呢？

想知道的是假设用游戏币绕地球一圈的话……

那就是说，把**这个足球的周长替换成地球的周长**就可以列出算式了！

推定中……

地球的周长 ÷ 一枚游戏币的直径

绕一圈！

步骤 02 ｜ 地球的一周有多长？

下一步得知道地球的周长才行。
这个不能用足球来思考了……

我在智力竞赛中看到过！
可是我忘记了……

哈哈哈，没关系。不过，就算在智力竞赛或
其他地方学到的知识，**只要是正确的，都可以
拿来用。** 但如果忘记了就没办法了。

啊，太可惜了！莉莎你要是记得就好了。

好吧。直接告诉你们就太没意思了。
跟我学点儿小常识吧！**一米大概是地球周
长的四千万分之一**哟。

想起来了！**40000 千米，** 1 米 × 4000 万 =
4000 万米 =40000 千米！对吧?!

可是这个大概的数字让人不太放心呢。

从前，一米的长度就是这么计算的呢。当时，
科学家算出了地球的周长是四万千米。后来，
虽然能够量得更加精确了，但**大约四万千米**
的说法一直沿用到了现在。

啊，费米推定真是有益于学习呀！
看来智力竞赛节目可以让我们学到很多知识。

绕了一圈大约四万千米。

北极

南极

再送给你们一个小知识。
其实**地球不是一个正圆形。赤道处的直径比从南极到北极的直线距离要长一些。**

啊？难道绕着赤道走一圈比绕着某个经线圈走一圈要远吗？！

对。不过，在费米推定中这样的差距是可以忽略的，不需要太在意哟。

啊，费米推定真是有益于学习呀！
重要的事情说两遍。

推定中……

40000 千米 ÷ 1 枚游戏币的直径

一枚游戏币的直径是多长？

还不知道**游戏币的直径**呢，
虽然刚刚用拇指和食指捏了一下。

 要不要再看一次游戏币？

这个我在智力竞赛节目里也看过。
而且记得很清楚呢！

 好，莉莎，说说看！

一枚普通游戏币的直径是 2 厘米！质量是 1 克！
而且我自己也确认过，没错的。

 好！莉莎还知道游戏币的质量呢。
真是博学！

推定中……

40000 千米 ÷ 2 厘米

剩下的就是计算了！

算一下 40000÷2……

你看你看，你们是不是又忘记了重要的事情啊？我们在有关意面的问题（问题 03）时遇到过这种情况哟。

啊，千米和厘米！得**统一单位**才行。
这种时候，应该统一成什么单位呢？

游戏币要多少枚……
那是什么样的游戏币呢？

明白了。统一成常见的直径为 2 厘米游戏币吧！
1 千米等于 1000 米，1 米等于 100 厘米……

4 万千米 ×1000×100=40 亿厘米！

推定中……

40 亿厘米 ÷ 2 厘米

步骤 05 ｜ 推定结果公布！

40 亿 ÷2=20 亿！
20 亿枚游戏币！

好多枚啊！不过，要绕地球一圈哟，就这么多吗？

就这么多？哈哈……一枚游戏币的质量是 1 克哟……

啊，感觉有点儿不妙啊……

那就给你们看看真的！

这个问题中用到的数字

◆ 绕地球一周的长度——大约40000千米
◆ 一枚游戏币的直径——2厘米

多少个人手拉手，可以绕地球一圈？

整整一圈

提示

◆ 地球的周长是多少？

◆ 与人手拉手时，双臂伸开的长度是多少？

（顺便说一下，一个人双臂伸开的长度和他或她的身高差不多。）

答案解析见 → p.138

费米推定有什么用?

亲爱的小读者，读到这里，你会不会觉得学费米推定没有什么用呢？一来学校不要求我们学，二来不会出现在考试或作业中。但其实，费米推定是我们将在今后的生活中要用到的很重要的思维方式呢。

比如，等你长大开始工作以后，会在很多方面用得到它呢。假如，你所在的公司要生产新产品了，你就得思考很多问题，比如会有多少人购买你的新产品？生产新产品需要花费多少时间和金钱？最后能赚到多少钱？

而这些问题都没有确定的答案。你不能因此就说没办法，更不能彻底放弃，那样的话，工作就很难做下去了。所以，到那时，如果你可以**用费米推定的粗略推算法，一边进行具有说服力的推算，一边思考，一切就都能顺利进行了。难道你不觉得吗?**工作顺利开展，和伙伴的沟通高效轻松，肯定能够生产出优质的产品。

你们今后会遇到很多没有正确答案的问题。**但是，希望你们不要害怕，也不要放弃，希望你们能主动思考，开心地得出属于你们自己的答案!**费米推定将有益于你们掌握这样的思维方式与学习态度。

一起来挑战宇宙级规模的推定问题吧！

马拉松选手不停地朝着月球跑，多少天能跑到？

今晚是满月呢，忍不住想朗诵诗歌了。

费铭你还有这种情趣呀，
怎么平时看不出来呢？

不好意思。我被设置成了看到美丽的月亮，就想
朗诵诗歌的模式。

什么？被设置了？那你想朗诵什么诗歌呢？

马拉松选手如若跑到月球，
几日方能到达？

啊，这不是诗歌！
这不就是个费米推定的问题吗？！

呵呵，被你们识破了。这次就推定这个问题吧。
**马拉松选手不停地朝着月球跑，多少天
能跑到？**

哎呀！什么都能出成费米问题啊！

虽然我都已经习惯了，可冷不防出这么一
个奇怪的问题，范围还飞出了地球之外，
真是受不了！

这在未来是很有可能发生的哟，比如举行
跑到月球的赛跑之类的。叮咚叮咚……

哈哈哈，你不是在开玩笑吧？

好了，就算将来能跑到月球上，那我们该如何推定呢？

归根结底，我们得知道**从地球到月球的距离**啊。

 是啊。
接下来要怎么做才能找出问题的线索呢？

马拉松选手……这是一个关键词呢。**马拉松选手的速度**应该比较容易知道。

 对,确定**距离和速度**就可以了。

可是，就算知道了这两点，"几天可以到月球"这种离谱的问题该怎么计算才好呢？

 好吧，那我就给你们讲一下**距离、速度、时间**以及它们之间的关系吧。
给你们一些小提示是我的荣幸。

费铭你真是太好了……不过，这是被设置好的程序吧？

 帮助有困难的人，难道你不喜欢这个程序吗？
好，我出一道题——速度 40 千米每时的汽车行驶 200 千米的距离，需要多长时间？

速度 40 千米每时，也就是每小时行驶 40 千米，以这种速度行驶 200 千米的话……

200÷40=5，答案是 **5 个小时**吧？

 是的。**所需时间 = 距离 ÷ 速度。**将这个公式用到这次的问题上吧！

地球到月球的距离 ÷ 马拉松选手的速度，对吧？

 很棒！问题的线索找到了。

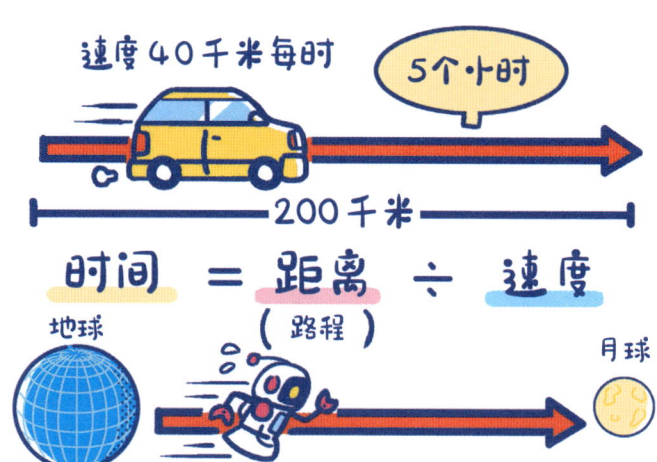

推定中……

从地球到月球的距离 ÷ 马拉松选手的速度

赶紧把数字放入算式吧!
不过,还不知道**地球到月球的距离**呢。

 那就先从已知的条件开始思考吧。
好比在考试时,**与其花时间思考不会做的题,
不如先从会做的题做起。**

是啊。**马拉松选手的速度**是可以想办法知道的。
马拉松的全程距离是 **42.195 千米**。

男子和女子的马拉松世界纪录大约都是**两个小时**吧?

 嗯,在你们的时代,
顶级选手的纪录是这样的。

将来会有什么变化吗?

 是的。将来……
叮咚!叮咚!用现在得出的数字接着推定吧!

好的,那速度该怎么算出来呢?

 再试着用简单的例子想一想吧。
假设"200 千米的距离,开车需要 5 个小时",
那汽车的速度是多少呢?

200 千米行驶了 5 个小时……
那用距离除以时间,就可以得出速度了。

所以是 **200÷5=40 千米每时**！

对，**速度 = 距离 ÷ 时间**啊。

 是的。顺便说一下，从乘法和除法的关系来看，**距离 = 速度 × 时间**哟。这样一来，**马拉松选手的速度**就算出来了不是吗？

那**马拉松选手的速度就是 42.195 千米 ÷2 小时**啊。

推定中……

地球到月球的距离 ÷ （42.195 千米 ÷2 小时）

用大概的速度进行估算。

莉莎，直接用 **42.195 千米很难计算**吧？

是啊。那就用一下费米推定中的大概规则吧。42 千米的话……索性用 40 千米计算可以吗？

 是啊，就按便于计算的 **40 千米**吧。

那马拉松选手的速度就是 **40÷2……**

20 千米每时！

 不错。算式中可以填入一个数字了。42÷2=21 千米每时，索性把零头 1 千米每时砍去，速度就变成 20 千米每时了。

推定中……

地球到月球的距离 ÷ 20 千米每时

步骤 **04**	**算出从地球到月球的距离。**

接着再看看搁在一边的、
从地球到月球的距离吧……
凭以往的知识储备，想象不出这个距离哟……

费铭，有没有什么提示呢？
我们想自己解答出这个问题。

 好，就像刚刚那道题一样，这是一个考察知识面的题，这次就用有奖竞猜的形式吧。
地球到太阳的距离大约为一亿五千万千米……

嗯嗯。

 从下面的选项选出**地球到月球的距离**吧！
①大约 4 亿千米 ②大约 40 万千米 ③大约 400 千米

太阳比月球离地球更远。
选项①大约 4 亿千米，这不可能，太远了。

选项③是大约 400 千米，这又太近了。而且，
用游戏币绕地球一圈的问题（问题 07）里，
提到过地球的周长大约是 4 万千米。

正确答案就是剩下的选项②了。

这么做真的可以吗？

你就别故意捣乱了！
正确答案是选项②，大约 **40 万千米**。

正确！选项①和选项③都被成功地排除了。
其实，一般情况下我们认为**地球到月球的
距离是 38 万千米**哟。

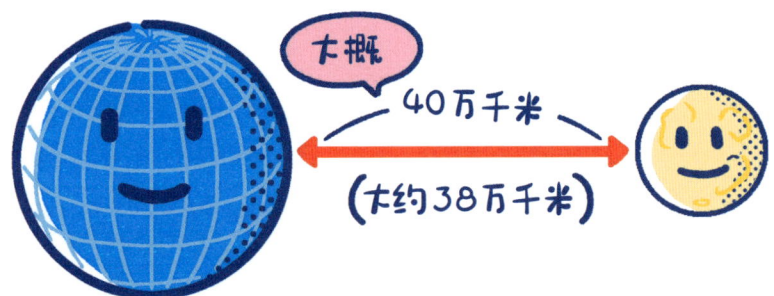

大概
40 万千米
（大约 38 万千米）

推定中……

40 万千米 ÷ 20 千米每时

步骤 **05**

那需要多少天呢？

这样一来，答案就出来了。距离 ÷ 速度 = 时间。所以，**40 万 ÷20=2 万小时！**

马拉松选手不停地从地球跑到月球，**大约需要 2 万小时！**

 嗯，还需一步哟。

嗯？是 2 万小时 +1 步吗？

 不对不对。不是一步远的一步。问题问的是"几天能跑到"，对吧？那 **2 万小时到底等于多少天**呢？

啊！我有点儿糊涂了。

费铭听不懂我们的幽默哟，其实是我们粗心了。**1 天 =24 小时，** 必须用这个等式算出 2 万小时等于多少天才行。

那就**用 2 万小时 ÷24 小时就行了**吧？

 是的。我不理解你们为什么糊涂，但我知道你们算出的答案是否正确。

推定中……

2 万小时 ÷ 24 小时

推定结果公布！

2 万小时 ÷24 小时 =20000÷24=833.333⋯ 大约 833 天，就算作大概 830 天吧！

嗯。**一年有 365 天，** 那就等于用了**两年零一百天**左右。

费铭，将来的马拉松选手也需要跑这么久吗？

 叮咚，你说什么？先不说这个，推定成功！

这个问题中用到的数字

◆ 从地球到月球的距离—— 大约40万千米
◆ 马拉松选手的速度—— 时速大约20千米每时

乌龟不停地朝着太阳走，要用多少年才能走到？

提示

◆ 从地球到太阳的距离是多少？
  （费铭在问题 08 的某个地方说过！）

◆ 乌龟的步行速度是多少千米每时？

◆ 一天是 24 小时，一年是 365 天。

答案解析见 → p.139

这是你们最喜欢的问题吧？！

问题
09

灌满一个泳池，需要多少杯中杯的珍珠奶茶？

吸溜吸溜

 哎呀！你们两个在喝什么呢？

 你不知道吗？
这是珍珠奶茶哟，游完泳之后喝最爽了！

 噢，这个啊！
我其实是从未来来的，
不过喝这个时代流行的奶茶也是我的一个愿望。
这真是太好了！

 哇！费铭，我一直怀疑你是从
其他时代穿越来的，没想到你竟然直截
了当说出来了！

 哈哈 —— 费米推定问题还有两道就结束啦，
所以我觉得应该可以说出我的秘密了。你们
吓了一跳吗？

 嗯，不需要怀疑，
他一直就说得很清楚嘛。

 程序设置上是不可以说的，
但有时我会不小心说漏嘴。

 机器人也活得这么辛苦呀。

 不说别的了。那么这次的问题就是**灌满一个泳池，需要多少杯中杯的珍珠奶茶？**

 嗯，虽然是临时出的题目……不过听起来很有趣呢！

找线索似乎很容易呢!

 莉莎,你说一下吧!

问题是"多少杯中杯奶茶可以灌满一个泳池"对吧?所以,首先思考**多少杯奶茶可以灌满一个泳池。**

也就是说,得算出**泳池的容积。中杯珍珠奶茶的容量 × 多少杯 = 一个泳池的容积**,对吧?

嗯,把这个算式改作除法就可以算出需要**多少杯珍珠奶茶了,**对不对?

 的确如此!不错不错。那算式是?

将乘法改为除法的话,就是将 $3×2=6$ 改成 $6÷3=2$。

是这样的。**一个泳池的容积 ÷ 中杯珍珠奶茶的容量 = 多少杯。**

推定中……

一个泳池的容积 ÷ 中杯珍珠奶茶的容量

步骤 02 ——— 泳池是什么形状的？

 你们的算式很棒。那先算一下
泳池的容积吧，这个怎么算呢？

泳池是长方体。
长方形的面积等于长 × 宽。
长方体的容积等于长 × 宽，再乘高。

是的是的。**长 × 宽 × 高!**

 嗯嗯。记得很清楚啊！

呵呵，那算式就是这样的!

推定中……

（泳池的长 × 宽 × 高）÷
中杯珍珠奶茶的容量

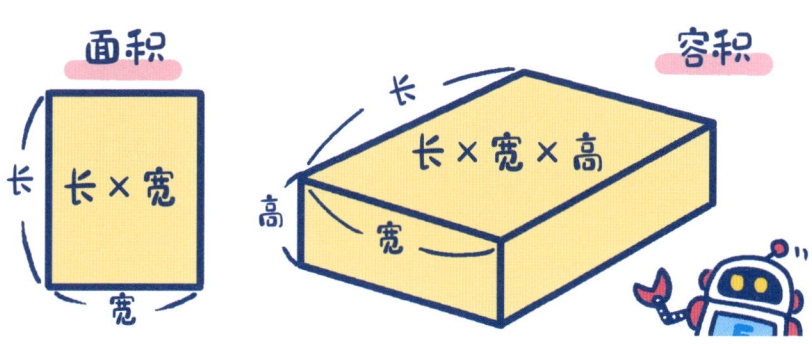

面积 　　　容积

长 × 宽

长 × 宽 × 高

知道长和高了！

那就把这个泳池想象成我们学校的泳池吧！

 嗯。这样的话，**泳池的长是 25 米。**

 不错。那**高**是多少呢？

泳池的高……相当于**深度**对吧！水面一般在肩膀以下，那泳池的深度应该比我的身高要矮哟。

那就**大概算作一米**吧！

 不错不错。算到这一步你俩都很熟练了啊！

推定中……

（25米 × 宽 ×1米）÷
中杯珍珠奶茶的容量

步骤 04

泳池的宽度该怎么算呢？

下一步就是**泳池的宽度**了。这一步大家先不要从整体考虑，试着**分成几步来考虑**怎么样？

分成几步……这么说，我们学校的泳池被泳道线分成了几道泳道呢。**一道泳道的宽度，**可以推算出来吧？

一道泳道，可以并排站……大概 5 个人吧？

这样的话，**知道 5 个人的肩宽加起来等于多少就行了。**在全世界所有的人集中起来的那道题（问题 06）中，已经算过人的肩宽了呢。

嗯！再量一下我们的肩宽，**大概是 40 厘米。**所以，**一道泳道的宽度为 40×5=200 厘米 =2 米！**

 不错不错。**一道泳道是 2 米。**
那一个泳池有几道泳道呢？

嗯，游泳比赛的时候，
会依次介绍每道泳道的选手呢。

我记得……会介绍到第六泳道。
所以，我们学校的泳池，是 **6 道泳道。**

 很棒！根据自己的经验成功地算了出来。

这么说来，**泳池的宽度**就是
2×6=12 米！

推定中……

（25 米 ×12 米 ×1 米）÷
中杯珍珠奶茶的容量

步骤 **05**　　　　　中杯，请！

接下来，就是**中杯珍珠奶茶的容量**了……

我喝过中杯奶茶，可没有量过。
而且，我感觉每家奶茶店的
中杯的容量不都是一样的……

 是啊。不同的店，中杯的容量未必相同。
你很有经验嘛。

嘿嘿嘿，也不是经验，凭感觉是这样呢！
费铭，你现在喝的是什么？

 这个吗？1000 毫升（1 升）的珍珠奶茶！
我想喝奶茶，所以我就从肚子里取了一杯。

哇……哪家奶茶店的中杯也
没有这么大哟。

想喝奶茶的愿望，一下子实现了。

给我拿1000毫升的！ 好大！

先不说这个了……
那**中杯明显没有 1000 毫升**呢。

可能有　半　　500 毫升吧?!
还是稍微多一点儿?

 啊!浩泰,你的感觉很准哟。
根据我的调查,大概也是这么多。
而且,想想,要大、大……?

嗯?知道了。你的意思是大概估算对吧!
的确,与其太详细,不如就用
容易计算的 500 毫升吧。

好啊,浩泰!大概,真棒!
我想起来了,好多店的中杯,
的确是这么大呢!

 嗯嗯,挺好的。好了,把这个
数字放入算式里吧!

**中杯珍珠奶茶的容量,
大概是 500 毫升!**

推定中……

$$25 米 \times 12 米 \times 1 米 \div 500 毫升$$

步骤 06	又会变成一个很大的数字哟……

那就开始计算吧。**泳池的容积**是？

25×12×1=300 立方米!

用 500 毫升除这个数字吧。哎呀！
立方米和毫升，得先统一单位吧！

是啊！**1 毫升 =1 立方厘米、1 立方米 =1000000 立方厘米。所以，1 立方米 =1000000 毫升**哟。

个、十、百……一百万毫升呢。
用这个公式将 300 立方米换成毫升吧。

300×1000000=300000000 毫升!
百万、千万……有 3 亿毫升哟。
好大的数字！

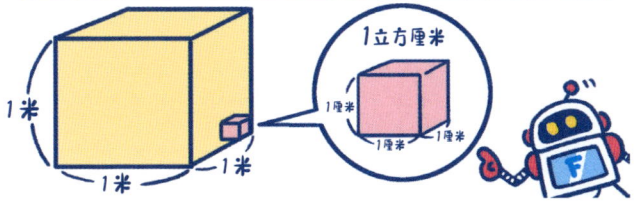

1立方米 =1000000立方厘米=1000000 毫升

推定中……

300000000 毫升 ÷ 500 毫升

推定结果公布!

300000000÷500=600000。也就是说，灌满学校的泳池需要 **60 万杯**奶茶!

不错! 另外，如果真这么做，要花多少钱呢?

嗯……一杯 500 日元的话，500×60 万，也只需要 **3 亿日元**吧!

……莉莎，你是不是算着算着对很大的数字已经麻木了?

这个问题中用到的数字

◆ **泳池的容积**—— **大约300立方米**（25米×12米×1米）
◆ **珍珠奶茶中杯容量**—— **大约500毫升**

你也挑战一下吧！

书包里可以装多少张游戏卡牌？

提示

◆ 书包的容积有多大？

（可以装几本教科书？）

◆ 一张普通游戏卡牌的长和宽分别是 8 厘米和 4 厘米。

◆ 一捆普通游戏卡牌的厚度大约是 2 厘米，大约是 60 张。

答案解析见 → p.140

最后一道题，大家依然都不知道正确答案哟！

有多少日本小学生在用手机玩游戏？

今天，把你们叫过来没有别的意思。

怎么突然这么严肃？可是费铭，你跟往常一样来了，应该没发生什么事吧？

其实，今天的问题是最后一个费米推定的问题！

最后一个！你上次说还有两个啊。

这种**谁都不知道答案的问题**，真的让我们很着迷啊……

最后一个……突然感觉有些伤感呢……那是关于什么的问题呢？

呵呵，这个时代的人都在用手机玩古老的游戏呢。

古老？！不过，对于费铭来说，的确会有这种感觉呢。

那就算一下**有多少日本小学生在用手机玩游戏**吧！

嗯？最后一个问题怎么是发生在我们身边的事？我们不是一直在推定有关宇宙的问题吗？

是的。不过，这是一个很适合放在最后，并且值得我们一起研究的问题哟。

费米推定开始！

在寻找线索之前，我先给出一个小提示吧。这次的问题，要用到有关**占比**的算式哟。

占比，就是说**把基础的量看作 1 的时候，其他量与它相比占多少**的意思，对吧？

是的。在占比中，你们会经常用到**百分率或百分数，**这次就用这个思考一下吧。

是指类似消费税是 10%，降水率是 30% 这样的数据吗? 好像在学校学过，有点儿记不太清楚了。

推定时会用到这个，再温习一遍吧! 首先，100 个人的 100% 是多少人?

这个很简单。**把 100% 比作 1，100 人 × 100%=100×1，等于 100 人!**

100 人的 50%、100 人的 10% 呢?

100% 是 1 的话，**50% 就是它的一半，也就是 0.5，100 人×50%=100×0.5，等于 50 人。**

同样，**10% 是 0.1，100 人× 10%=100×0.1，等于 10 个人。**

那 50 人的 20% 是多少人呢?

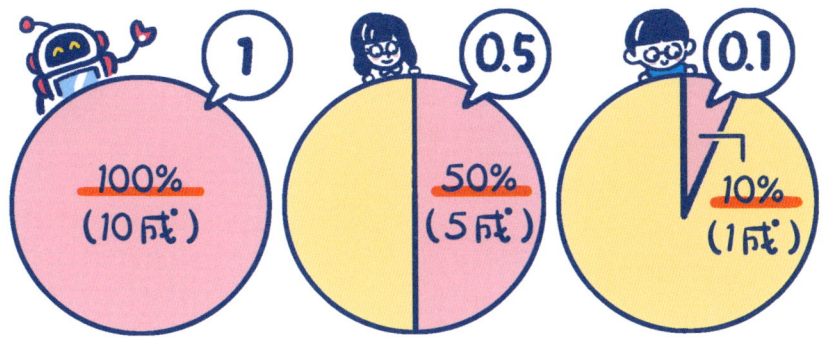

计算方法是一样的……**20% 是 0.2，50 人 × 20%=50×0.2，也就是 10 个人**呢！

好的。这样的话有关占比的算式就非常好算了，那我们回到问题的线索中来吧。

嗯，首先得知道**日本有多少小学生**。

然后算这些小学生中，用手机玩游戏的人数……啊，原来这里要用到占比呢！也就是说**用手机玩游戏的小学生的占比**对吧！

那么，列出下面的算式，等于攻克了**最后一个问题**的第一关哟！

推定中……

**日本小学生的人数 ×
用手机玩游戏的小学生的人数占比**

日本小学生的人数是……

那首先得知道**日本小学生的人数**啊，这个在精灵的问题（问题 05）中遇到过呢。

嗯，当时我们按每个年级大约 100 万人计算了。一年级到六年级共 6 个年级，那就是**大约 600 万人！**

费铭，你说这道题会比较难，但是我们都做了这么多道题，最后一道应该会很轻松地算出来吧？

呵呵，会不会很轻松呢？

嘟嘟嘟……

感觉有点儿不妙……

推定中……

600 万人 × 用手机玩游戏的日本小学生的人数占比

步骤 **03** | **这个问题的关键点！**

来，接着算**用手机玩游戏的日本小学生的人数占比**吧！

根据我们的**经历和体验**思考，好像很简单呢。
朋友们用手机的时候，一般都是在玩游戏。
所以，几乎所有人都在玩……

等等！这个问题是**计算用手机玩游戏的日本小学生的人数**哟。
难道现在的日本小学生都在使用手机吗？

嗯？好像也不是所有人都在用……

从经历和体验来思考这个比例
是不错，但直接算出那个数字
有点儿太早了吧……

费铭，你的意思是？

这个题得**分几步思考。**
你们想想，用手机玩游戏，最需要的是什么？

那肯定是手机啦，嘻嘻——开个玩笑。

分几步……明白了！
首先得想想日本有多少小学生在使用手机，
对吧？

就是这个意思！好，我画个图来解释一下吧。

 首先得在所有的日本小学生中
找出**使用手机的小学生**，对吧？

嗯，这点很关键。

 然后，第一步中肯定包含第二步，
也就是**用手机玩游戏的日本小学生。**
根据这一点，继续推定。

的确，有的朋友用手机玩游戏，
有的朋友虽然有手机，
但不用手机玩游戏。

 对吧？！
**如果漏掉第一步，那就等于默认所有日本小学
生都在使用手机，**那这个推定就没有太大的说
服力了。

的确如此，分几步思考真的很重要呢。

嗯，将推定的算式重新整理后再好好确认一下吧。

推定中……

①**使用手机的日本小学生人数 =**
600 万人 × 使用手机的日本小学生的占比
②**（①中）用手机玩游戏的日本小学生人数 =**
①**× 用手机玩游戏的日本小学生的占比**

步骤 **04** **使用手机的日本小学生的占比。**

按顺序思考一下推定的算式吧。首先从思考
①中**使用手机的日本小学生的占比**开始。

我自己也有手机呢。

我没有手机，
但我经常借用家人的手机。

也就是说，你们两个都在使用呢。
那你们觉得其他的小学生在使用手机吗？
比如，你们周围的同学……

我觉得只有一半左右的同学，有属于自己的手机。

我觉得也是。算上借用家人手机的同学，只有一半左右吧。

好，那就算**大概一半**吧。也就是将**使用手机的小学生的占比**算作 **50%**，怎么样？

 不错，我觉得可以。

推定中……

① **使用手机的日本小学生人数 =**
600 万人 × 50%

② **（①中）用手机玩游戏的日本小学生人数 =**
① × 用手机玩游戏的日本小学生的占比

步骤 05 用手机玩游戏的日本小学生的占比。

 接下来计算②中**用手机玩游戏的日本小学生的占比**。

嗯，我的感觉是一般都会玩，不过也不是全部。

是啊，也有一些同学只是用手机打电话或者查资料。

 是啊，虽然不是所有人，但玩游戏的小学生好像有相当大的占比呢。

好，那就算作**大概 80%** 吧!

 好的! 这样的话，所有的数字都齐了。

推定中······

① **使用手机的日本小学生人数 =**
600 万人 × 50%

② **（①中）用手机玩游戏的日本小学**
生人数 =
① × 80%

马上就到推定的最后一步了!
好紧张!

 计算还是很简单的,别紧张,不要出错哟!

好的! 算式①中**使用手机的日本小学生人数是600万×50%=600万×0.5=300万,大约300万人。**

把在①中得出的 **300万人** 放入②的算式中……

 嗯嗯……(唰唰唰……)

费铭! 你怎么一边玩手机一边问我们呢?!
而且,那是我的手机哟,你啥时候拿走的?!

 哦,马上还你啊。接着做接着做。

有点儿乱了,不过还好啦。算式②中**用手机玩游戏的日本小学生是300万 ×80%=300万 ×0.8=240万,大约240万人!**

原来是**所有日本小学生的40%**啊……
是不是少到出乎意料?

如果有更多的孩子在用手机,
这个数字就会更大呢。

 祝贺! 你两连最后一题都认真算出了答案。
送给你们一个奖励吧! 礼物是浩泰的手机!

送给我们？这本来就是浩泰的啊。
嗯?!浩泰，怎么回事？真是奇怪！

我刚才借用的那一会儿，已经把手机里的内容
全都换成费米推定问题了哟。

哎呀！我的手机竟然成了费米推定专用手机啦！

这个问题中用到的数字

◆ 日本小学生的人数——大约600万人
◆ ①使用手机的小学生占比——大约50%
◆ ②（①中）用手机玩游戏的日本小学生占比——大约80%

日本有多少位老爷爷、老奶奶在用手机玩游戏？

提示

◆ 日本大概有多少位老爷爷、老奶奶？

（先确定哪个年龄段之间的人可以算作老年人吧。）

◆ 使用手机的老爷爷和老奶奶的比例和用手机玩游戏的老爷爷和老奶奶的比例分别是多少？

答案解析见 → p.141

一些有必要记住的数字

以下是帮大家总结的一些在费米推定中经常用到的数字。此外，如果我们能有意识地记住身边的一些数字，或许更能感受到费米推定的乐趣。

- 日本的人口：大约 1 亿 2700 万人（大约 1 亿人）
- 日本的国土面积：大约 37.8 万平方千米（大约 40 万平方千米：山地占大约 70%，平原占大约 30%）
- 世界人口：大约 77 亿人（大约 80 亿人）
- 地球一周的长度：大约 4 万千米
- 地球的表面积：大约 5 亿平方千米（海洋占大约 70%，陆地占大约 30%）
- 人的步行速度：大约 5 千米每时
- 人的奔跑速度：大约 10 千米每时
- 声速：秒速大约 340 米
- 光速：秒速大约 30 万千米
- 1 天：24 小时 =1440 分钟（大约 1500 分钟）= 86400 秒（大约 90000 秒）
- 1 年：365 日 = 大约 50 周
- 1 升（1000 毫升）水的质量：1 千克
- 普通的猫的质量：大约 5 千克
- 小老鼠的质量：大约 10 克
- 东京巨蛋*的面积：大约 0.05 平方千米 = 大约 5 万平方米
- 普通房子的天花板高度：大约 2.5 米

---

* 位于日本东京文京区，是一座有 55000 个座位的体育馆。——编者注

费米推定挺有趣的!

进步!

开心

我感觉自己的思考能力提高了呢。

你们成长了这么多,我真的好感动!

呜呜……

费铭……

感动

你的反应是被程序设定好的……

竟然还是暴露了呀!

好厉害!!

我所在的时代,确实很方便,人们生活得很舒适……

怎么突然就走了?

转身就走!

唉!人工智能和电脑太发达了,搞得自己思考能力都下降了。

去买那个商品吧!

已经做好某个工作了!

谢谢!

好的!

啊?!

日本人每天一共尿多少次尿？

你们不觉得这个问题可以用和问题 01 同样的方式思考吗？所以，用**"每人每天尿尿的次数 × 日本人口"**这个算式计算吧。

那么，你每天去尿多少次尿？早晨起来立刻去，午饭前，午饭后，晚饭前，晚饭后，睡觉前……具体每天去的时刻可能不完全一样，但可能就这么多次。如果按每天**大概尿 5 次**计算，总共应该不到 10 次。而且，日本的人口**大概是一亿，**也就是说：**5 次 ×1 亿 =5 亿次。**

推定结果 **大约5亿次**

每个人尿一次可能只有一点点，但把大家的尿凑在一起，量就很大了呢！说不定可以游泳呢……啊？有点儿恶心是吧？

青蛙在一天内，可以"呱呱、呱呱呱、呱呱呱"地叫多少次？

这道题好像可以用和问题 02 同样的思路进行推定呢。虽然是个绕口令，如果中间不出错，也不停顿的话，就可以用**"1 天的时间 ÷ 叫一次'呱呱……'所用的时间"**这个算式算一下答案吧。

1 天是 24 小时，换算成分钟大约是 1500 分钟。再进一步换算成秒的话，就是 **1500×60=90000 秒**。

我们可以测试一下实际叫一遍"呱呱……"需要多长时间。来，让我们用计时器计时吧。

"呱呱、呱呱呱、呱呱呱"，怎么样？ 3 秒？还是 4 秒？如果叫得特别清楚，一次应该需要 **5 秒**吧？所以 **90000 秒 ÷5 秒 =18000 次**。

推定结果　　**大约18000次**

不过，你们能不停地一直这么叫下去吗？

答案解析

同类题
03

把学校的厕纸全部连起来，一共有多长？

一卷厕纸有多长？每一间厕所的隔间里放几卷厕纸？学校的所有厕所的隔间加起来有多少个呢？

用"**每个隔间里的厕纸的长度 × 学校的所有厕所的隔间数量**"这个算式算一算吧。

一卷厕纸的长度**大概是 50 米**。每一间厕所的每个隔间只放一卷纸的话，很快就会用完，所以一般会多放一两卷备用。那么，就按一个隔间放 **3 卷**厕纸来算吧。可是，学校厕所有多少个隔间呢？如果一个年级分别有一间男厕所和一间女厕所的话，那应该是男女厕所各有 6 间吧。男厕所里如果有一两个隔间，女厕所有四五个隔间的话，为了计算简单，就按 **1 个**和 **4 个**计算吧。**1 个 ×6 间 +4 个 ×6 间 =30 个隔间**。

最终的算式是这样的：

（**50 米 ×3 卷**）× **30 个隔间** =
150 米 ×30 个隔间 =4500 米 =4.5 千米

推定结果 **大约4.5千米**

对了对了，我忘记提醒大家了，
绝对不能把学校的厕纸全部连起来哟！

在一份报纸上写满喜欢的人的名字！可以写多少个？

这次不是笔记本，是报纸哟！不过推定思路是相同的。和笔记本一样，也用**"一面报纸可以写的名字数量 × 报纸的面数"**这个算式来计算吧。如果身旁有报纸的话，就看一看！如果没有的话，就想象一下吧！

首先想想喜欢的人的名字的字数……就当成和田中莉莎一样的**四个字**吧。接下来，就要粗略地想一想了，如果是报纸上的字的大小，**一平方厘米中似乎可以写 4 个字**呢；如果喜欢的人的名字是四个字，那一平方厘米刚好写一个名字呢。

另外，假设报纸一面的边长分别为 **54 厘米**和 **40 厘米**。如果用眼睛看看也差不多，那就可以了。也就是说，一面的面积是**54 厘米 ×40 厘米 =2160 平方厘米**。
一平方厘米可以写一个名字的话，一面大概可以写 2000 个喜欢的人的名字呢……最后，一份报纸的面数是多少？
好像要轻轻地翻十次以上呢，那就算成 **30 面**左右吧。这样一来，就是 **2000 平方厘米 ×30 面 =60000 个**。

推定结果　　**大约60000个**

就是再喜欢一个人，
看到这么多名字，也会看腻吧？

今天过生日
的日本小学生有多少个？

在问题 05 中，我们将精灵的数量等同于日本的小学数量了。这道题也一样，将原来的问题换成**"今天过生日的日本小学生有多少个"**是不是就容易解答了？

那就这么想吧：**小学生的生日是分散在一整年里的。**也就是说，有的人的生日是 1 月 1 日或 1 月 2 日，有的人的生日是 12 月 30 日或 12 月 31 日，每一天都有相同数量的小学生过生日。这样的话，平均每天有多少个人过生日呢？

列成算式的话，是这样的：**小学生的人数 ÷ 一年的天数**
我们把小学生的人数**大概算作 600 万人**，一年是 365 天。在算 **600 万人 ÷365 天**之前，为了计算简单，我们把 365 天粗略计成 **300 天**吧：**600 万人 ÷300 天 =2 万人。**

推定结果　**大约2万人**

今天过生日的小学生大约有 2 万人，祝他们"生日快乐"吧！
（一到生日就说生日快乐，我就是被这么设置的。）

把所有的日本人集中在一起，
需要多大的地方？

用与问题 06 同样的思路思考这道题吧。

应该可以用算式**"每个人所需的面积 × 日本人口"**把答案算出来。

每个人所需的面积可以用长 × 宽计算，也就是用算式**"脚的长度 × 肩宽"**来思考。这样的话，总的算式大概是这样的：30 厘米 ×50 厘米 =**0.3 米 ×0.5 米 =0.15 平方米。**

大家已经知道日本的人口**大概是一亿人**，接下来可以这样计算：0.15 平方米 ×1 亿 =1500 万平方米

由于数字太大，可以将平方米换算成平方千米。用 1000000 来除一下吧，因为 **1 平方千米 =1000000 平方米**呢。

1500 万平方米 ÷1000000=15 平方千米
（ 15000000 平方米 ÷1000000=15 平方千米 ）

推定结果　**大约15平方千米**

哎呀，这个面积比东京都的港区（20.4 平方千米）、新宿区（18.2 平方千米）、涩谷区（15.1 平方千米）还要小呢！另外，这个面积相当于 300 个东京巨蛋（大约 0.05 平方千米）。就算能把所有日本人都集中起来，也非常拥挤，大家肯定想赶紧解散。

多少个人手拉手，
可以绕地球一圈？

好不容易做到这一步了。我们用问题 07 的结果来想一想吧。如果知道地球的周长和（为了拉手）双臂伸开的长度，就可以计算了吧？这样的话，算式是这样的：

地球的周长 ÷ 双臂伸开的长度

地球的周长**大约为 4 万千米 =4000 万米**。据说"一个人的双臂伸开的长度和一个人的身高差不多"，就用这个方法推测一下一个人的身高大约是多少吧！

小孩的身高和大人的身高不一样，那就按照整数 **150 厘米**，也就是 **1.5 米**计算吧。假设一个人的身高大约是 1.5 米，放入算式里就是 **4000 万米 ÷1.5 米 =26666666.666…人**，哎呀，除不尽哟。那么取一个**大概的数值 25000000 人**吧。

推定结果　**大约2500万人**

哎哟，大概 2500 万人手拉手好像就可以绕地球一周呢。还有啊，世界人口大概有 80 亿，全世界的人手拉手的话，可以绕地球 300 圈呢。地球真是太小了！

乌龟不停地朝着太阳走，要用多少年才能走到？

用与问题 08 同样的方法思考吧！那就会是下面这样的算式：

地球到太阳的距离 ÷ 乌龟的速度

那将是一个多么大的数字啊？！

在问题 08 中，我曾说过，从地球到太阳的距离被认为大约是 **1 亿 5000 万千米。**

那乌龟的速度呢？太慢了，以至于我们都不太清楚。假设乌龟一秒能前进 5 厘米，一分钟就能前进 300 厘米，那么，一个小时就能前进大概 180 米（18000 厘米）吧？为了计算方便，我们把这个数字换算成整数，即四舍五入成一小时 200 米。也就是说，乌龟的**速度是 200 米每时，即 0.2 千米每时。**

1 亿 5000 万千米 ÷ 0.2 千米每时 =7 亿 5000 万个小时

好漫长的时间呀！把小时换算成年吧，可以先换算成天数：
7 亿 5000 万个小时 ÷ 24 小时 =3125 万天；再换算成年数：
3125 万天 ÷ 365 天约等于 85000 年。

推定结果　　**大约85000年**

"千年龟，万年鹤"，虽然有这样的谚语，但就算是不停地走 1 万年，太阳也遥不可及啊！

书包里可以装
多少张游戏卡牌？

看似可以用和解答问题 09 一样的方法来推定，用**书包的容积 ÷ 一张普通的游戏卡牌的大小（体积）**这个算式思考一下吧。

首先从书包的容积来思考。想一想一个书包里可以装几本教科书。假设教科书的长是 **30 厘米**，宽是 **20 厘米**，厚度是……看似没有 1 厘米，那就按 **0.5 厘米**算吧。接着想想可以装多少本，应该可以装 **30 本**吧。这样的话，书包的容积就等于 30 本教科书的体积了。

**（30 厘米 ×20 厘米 ×0.5 厘米）× 30 本 =9000，大约
9000 平方厘米**

接着，想一想一张普通游戏卡牌的大小（体积）吧。根据提示，应该可以算出一捆普通的游戏卡牌的大小。即 **8 厘米 ×4 厘米 ×2 厘米 =64 立方厘米，大概为 60 立方厘米**。这是一捆普通的游戏卡牌的体积，如果想要求出一张的体积，就用 60 除这个结果就可以了。**60÷60=1 立方厘米，9000 立方厘米 ÷1 立方厘米 =9000，大约 9000 张。**

推定结果 | **大约9000张**

也就是说，书包里可以放大概 9000 张游戏卡牌呀？！
卡牌游戏虽然很有趣，但不要太过于沉迷哟！

日本有多少位老爷爷、老奶奶在用手机玩游戏?

首先将"老爷爷和老奶奶"设定为 65 岁到 100 岁之间的人吧。(是大概哟。)

话说回来,如果像问题 10 那样进行推定的话,需要考虑以下三点:1. 65 岁到 100 岁的人口数量、2. 使用手机的人数比例、3. 使用手机玩游戏的人数比例,列成算式,就是这样的:

65 岁到 100 岁的人口数量 × 使用手机的人数比例 × 用手机玩游戏的人数比例

① 我们知道日本每一岁的同龄人有 **100 万人**。65 岁到 100 岁之间**大概相差 35 岁**,那么**100 万 ×35= 大约 3500 万人**。

② 现在很多老人都在使用手机对吧? 那么**大概算作 50%**怎么样呢?

③ 然后,用手机玩游戏的老人可能不太多,但也不是完全没有吧。当然也有老人玩围棋和象棋等传统游戏对吧。那就按**大概 20%** 计算吧。

3500 万 ×50%×20%,也就是 **3500 万 ×0.5×0.2= 350 万人**。

推定结果 **大约350万人**

说到底就是一个大概的推定。
实际上有多少呢?

结语

　　谢谢你们能读到这里！学习费米推定的感觉怎么样？你们喜欢这些平时难以碰到的、**没有正确答案的问题**吗？

　　"费米推定的答案和解答方法不止一个"，想必你们已经非常熟悉这个特点了。因此，莉莎和浩泰用不同的方法，不同的算式进行推定，可以得出不同的答案。说不定用其他不同的方法，还可以得出更有说服力的答案呢，所以希望大家一定好好想一想哟！

　　那么，听了费铭在结尾部分说的关于未来的预测之后，大家是怎么想的呢？你们或许觉得那根本不可能。将来，科技会不断进步，我们的社会和生活也会越来越方便。网络可以告诉我们很多问题的答案，人工智能也会在各个方面支持我们。可是，那个时候，我们人类又在做什么呢？

现实中的未来是什么样的呢？没有人知道。不过呢，我想有一点是确定的，那就是正因为谁也不知道，**所以肯定会出现很多你们从未遇到过的问题，谁也不知道答案的问题，不止有一个答案和解答方法的问题**。那个时候，可能计算机也帮不了你们。所以，**自己思考得出答案的能力将会变得非常重要。**

读这本书的时候，想必你们一定做了很多和费米推定有关的问题。希望此时的你们，已经掌握了比读这本书之前**更加强大的思考能力**。今后，如果遇到了和费米推定类似的问题，希望你们一定要勇敢地挑战它。最后，请允许我再说一句，不只是费米推定，任何事情，都需要我们积极思考，**充分享受思考的过程！**

2022年1月

横山明日希

图书在版编目（CIP）数据

十岁开始的趣味费米推定：多少个人手拉手，可以
绕地球一圈 /（日）横山明日希著；（日）柏原昇店绘；
吴春燕译 . -- 北京：北京联合出版公司，2025. 7.
ISBN 978-7-5596-8407-3

Ⅰ . 01-49

中国国家版本馆 CIP 数据核字第 2025GG9954 号

RONRITEKISHIKŌ-RYOKU GA SODATSU 10-SAI KARA NO OMOSHIRO! FERUMI SUITEI
BY Yokoyama Asuki, Kozaki Yu, Kashiwabarashowten
Copyright © 2022 Yokoyama Asuki, Kozaki Yu, Kashiwabarashowten
Original Japanese edition published by KUMON PUBLISHING CO., LTD.
All rights reserved.
Chinese (in simplified character only) translation copyright © 2025 by Ginkgo (Shanghai) Book Co., Ltd.
Chinese (in simplified character only) translation rights arranged with
KUMON PUBLISHING CO., LTD. through Bardon Chinese Creative Agency Limited
Simplified Chinese translation edition published by Ginkgo (Shanghai) Book Co., Ltd.

本书中文简体版权归属于银杏树下（上海）图书有限责任公司。
北京市版权局著作权合同登记号　图字：01-2024-5887

十岁开始的趣味费米推定：多少个人手拉手，可以绕地球一圈

著　　者：［日］横山明日希
绘　　者：［日］柏原昇店
译　　者：吴春燕
出 品 人：赵红仕
选题策划：北京浪花朵朵文化传播有限公司
出版统筹：吴兴元
编辑统筹：冉华蓉
责任编辑：杨　青
特约编辑：朱晓婷
营销推广：ONEBOOK
装帧制造：墨白空间·闫献龙

北京联合出版公司出版
（北京市西城区德外大街 83 号楼 9 层　100088）
后浪出版咨询（北京）有限责任公司发行
雅迪云印（天津）科技有限公司印刷
字数 140 千字　880 毫米 ×1230 毫米　1/32　4.5 印张
2025 年 7 月第 1 版　2025 年 7 月第 1 次印刷
ISBN 978-7-5596-8407-3
定价：48.00 元